KB274409

성적이 쑥쑥 올라가는 초등 글쓰기 클리닉

책 많이 읽는 우리 아이, 공부는 왜 못할까

김순옥 지음

독서를 내 것으로 만드는 방법

올해 6학년인 A는 또래에 비해 독서량도 많고, 책 읽기를 즐기는 아이입니다. A는 어릴 때부터 독서 습관을 길러왔던 터라 어휘수준이나 지식수준이 또래보다 뛰어났지요. 공부도 못하는 편이 아니어서 A의 어머니는 학습적인 면은 큰 고민 없이 아이를 키웠습니다. 그런데 6학년 2학기 담임선생님과의 면담 후, A의 어머니는 깊이 좌절합니다. 담임선생님은 A가 생각이 깊지 못하고, 논리력이나 비판 능력이 부족하다고 말했던 것입니다. 책을 그렇게 좋아하고 많이 읽는데 왜 그럴까요? 이런 능력은 수학처럼 문제를 많이 풀거나 암기과목처럼 외워서 키울 수 있는 능력이 아니라 독서를 통해 배우는 것이라고 들었는데, A는 무엇 때문에 이런 능력을 키우지 못한 것일까요?

B도 6학년입니다. B의 어머니는 B에게 신문 읽기를 권했습니다. 평소 독서를 즐기는 아이라 어휘나 이해수준이 높아 신문 읽기가 가능할 것 같았습니다. 신문을 읽으면 1년 뒤 중학교에 올라가 공부하게 될 비문학 부분의 글들을 어려워하지 않을 테고, 논리력 향상에도 도움이 될 것 같았습니다. 그런데 B의 어머니는 뜻밖의 문제를 발견합니다. 아이와 기사에 대해 이야기를 나누어 보면 그 사건이나 문제를

바라보는 관점뿐 아니라, 문제에 대한 아이만의 생각도 들을 수 없었던 것입니다. 평소 독서를 즐기는 아이가 신문을 읽고 비판하는 능력이 없다면 그동안 무슨 생각을 하며 책을 읽었을지 B의 어머니는 눈앞이 깜깜하더랍니다.

대표적인 온라인 서점인 인터파크에서 2009년 판매한 책을 분석한 결과, 30대~40대 여성의 구매 비중이 52.7%로 가장 높았다고 합니다. 그리고 구매자들이 가장 많이 산 책으로는 유아·아동서로 총 판매 책 10권 가운데 3권 이상(34.9%)이었다고 합니다.

그래서일까요? 2011년 4월, 초록우산 어린이재단(childfund.or.kr)에서 수도권 지역 초등학생 4~6학년을 대상으로 가정 내 도서 보유량 등을 조사한 결과에서도 27.2%가 '400권 이상'의 책을 보유하고 있으며, 27.5%가 1년에 '40권 이상'의 책을 구매한다고 답했습니다. 또 '독서를 좋아하는가'에 대한 질문에는 전체 응답자 가운데 가장 많은 46.7%가 '매우 그렇다'라고 답했습니다.

이러한 결과에서도 알 수 있듯 요즘은 책 읽기를 즐기는 아이들이 많아졌습니다. 독서를 함으로써 얻어지는 교육적 효과는 굳이 여기서 말하지 않아도 다들 잘 알고 있습니다. 그런데 이렇게 독서의 양이 풍부한데도 우리 주위에는 A나 B와 같은 문제를 안고 있는 아이들이 많습니다. 그 까닭은 무엇일까요?

아기들이 어느 날 갑자기 어른이 되지 않듯, 독서의 수준도 어느 순간 갑자기 좋아지는 것이 아닙니다. 아동의 발달에도 단계가 있듯 독서에도 단계가 있습니다.

첫 번째는 '기초적 읽기 단계'로 글의 내용보다는 글자를 보고 소리를 낼 수 있는 단계입니다. 이 수준의 아이들은 책을 읽어도 문장이나 단락이 말하고 있는 요점이나 핵심, 주제 등은 파악하기 힘듭니다. 이 시기의 아이들에게는 '책 읽어주기'가 절대적으로 필요합니다. 어휘력이나 배경 지식, 이해력이 쌓일 때까지는 부모의 목소리를 통해 책을 읽게 하는 것이 좋습니다.

두 번째는 '의미를 깨닫는 단계'입니다. 이 시기는 주로 초등학교 저학년에 해당되는 시기로 책 속의 이야기나 상황을 이해하고 책 속의 인물에 자신의 감정을 이입할 수 있습니다. 또 책이 전달하려는 의미를 깨닫고, 책을 읽고 난 뒤 '왜'라는 질문을 하며 답을 찾으려는 자세를 보이기도 하지요. 슬슬 책의 재미를 알아가는 시기이기도 합니다.

세 번째는 '추론하기 단계'입니다. 이 시기에는 아이들이 현재의 사건이 어떠한 원인으로 일어나게 됐는지, 앞으로 이야기가 어떻게 전개될지 추론을 할 수 있습니다. 더불어 자신이라면 어떻게 했을지 상상해 보기도 합니다. 이러한 과정을 통해 아이들은 자연스럽게 논리적 사고력을 키우게 됩니다. 책의 내용에 관한 전체적인 밑그림을 그리고 이를 토대로 자신의 일상적인 경험을 적용시키는 단계입니다.

독서의 마지막 단계는 '통합적 읽기의 단계'로 이 시기의 아이들은 책을 읽으면서 나름대로 분석하고, 전에 읽은 책과 비교하기도 하며, 자신만의 해석을 내놓기도 합니다. 이러한 과정은 비판적 사고력을 키워줍니다. 이 시기의 아이들은 자기 나름의 가치관을 형성합니다. 그래서 자신의 기준과 취향에 따라 특정 분야의 책에 몰두하기도 합니다. 이때부터 아이들은 진정한 독서의 즐거움을 알게 됩니다.

그런데 독서의 단계는 책을 많이 읽는다고 자연스럽게 높아지지 않습니다. 중학생이 되어도 '의미를 깨닫는 단계'에 머물러 있는 아이가 있는가 하면, 초등학생인데도 '통합적 읽기 단계'인 아이가 있습니다.

독서는 '책을 읽고 얼마나 새로운 정보를 얻어내느냐'보다 '그 정보를 얼마나 논리적으로 내면화하느냐'가 훨씬 더 중요합니다. 아무리 책을 읽어도 그 수준에 맞는 '논리적 내면화'가 이루어지지 않으면 독서의 단계는 오르지 않습니다. 그럼 어떻게 해야 독서를 논리적으로 내면화할 수 있을까요? 해법은 '글쓰기'에 있습니다.

저는 학자가 아닙니다. 글쓰기 연구자도, 이론가도 아닙니다. 저는 그저 현장에서 아이들을 가르치는 실무자일 뿐입니다. 그런데 아이들을 가르치다 보면 이론과 실제가 많이 다르다는 것을 느낍니다. 현장에는 이론이 적용되지 않는 사실들이 무궁무진합니다. 늘 그래왔으니까 그냥 해야 하는 것들도 많고요. 얼핏 사소해 보이는 예이지만, '일기에 날씨를 왜 쓰는지'에 대해 알려주는 책은 없습니다. 일기에 날씨를 쓰는 것은 사소하지만 중요한 일입니다. 그런데 이러한 궁금증이 생겨도 해결해줄 곳이 없습니다.

이 책을 쓰며 내심 가장 경계한 말은 '이런 책은 앞부분만 읽어보면 뒤는 대충 추측할 수 있다'는 것입니다. 이 책이 끝까지 여러분을 긴장하게 만들었으면 좋겠습니다. 현장에서 아이들을 가르치는 교사와 부모들에게 반드시 실용적인 도움이 되기를 기대합니다.

비록 저자는 제 이름으로 되어 있지만 이 책은 혼자만의 힘으로 쓴 것이 아닙니다. 함께 공부한 많은 아이들과 아낌없는 성원과 지지를 보내준 부모님들, 그리고 책을 만드는 데 도움을 준 윤재인 대표님과 출판사 관계자들 덕분입니다. "책은 나무라는 생명을 죽여서 만드는 것이기 때문에 그만큼의 가치를 담아야 한다"는 대표님의 말에서 많은 것을 배웁니다.

시작에 앞서 쓴 이 글이 여러분과 저를 친밀한 사이가 되도록 해주었기를 바랍니다. 여러분께도 감사의 인사를 전합니다.

새해를 시작하며

김순옥

Contents

이 책을 읽기 전에_독서를 내 것으로 만드는 방법

Part 1 매일 똑같은 일기, 진심이 없는 생활문은 이제 그만

일기_쉬워보이지만 가장 어려운 글 ·014
**귀찮은 숙제가 된 일기 | 일기는 글쓰기의 기초 과정 | 서사, 설명, 묘사, 논증
일기를 잘 쓰면 공부를 잘하게 될까?**
●아이와 함께 일기 쓰기_문단의 개념부터 심어주자 ·028
일기에 대한 궁금증 몇 가지 | 생각을 논리적으로 전달하기
일기 쓰기 클리닉 ·038
1단계: 반드시 그림일기부터 시작하자
2단계: 대화글을 쓰게 하자
3단계: 다양한 서술의 방법을 익히자

생활문_일상을 문학으로 바꾸다 ·060
생활문은 아이들이 쓰는 수필 | 생활문 쓰기에서 얻는 학습 효과 | 주제만큼 중요한 것이 진심
●아이와 함께 생활문 쓰기_사건 쓰기에서 생각 쓰기로 ·067
주제를 이끌어내는 대화법
생활문 쓰기 클리닉 ·070
1단계: 3단 구성으로 개요 짜기
2단계: 문장은 짧게, 표현은 구체적으로
3단계: 사건이 아니라 생각을 쓰는 단계로

Part 2 소통이 없는 편지, 회상 능력만 강요하는 독서 감상문은 이제 그만

편지_말로는 다 전하지 못하는 진심 ·092
편지 숙제 좀 해주세요 | 진심을 담아야 감동을 준다 | 교과서에 나오는 편지 쓰기 예문
●아이와 함께 편지 쓰기_상대의 마음을 여는 긍정적인 메시지 ·101
편지에도 형식이 있다 | 목적에 따라 다르게 써야 하는 글

독서감상문_반드시 공감해야 쓸 수 있는 글 ·111
독서 교육과 상관없는 독서인증서 | 독서의 완성은 독서감상문이다
독후감에 대한 몇 가지 궁금증 | 논리적 자기표현 교육으로 얻을 수 있는 것
●아이와 함께 독서감상문 쓰기_반드시 내 경험과 비교해 보자 ·125
아무런 느낌이 없다고?
독서감상문 쓰기 클리닉 ·130
1단계: 다양한 빙법으로 감상 표현하기
2단계: 인상 깊었던 내용부터 찾기
3단계: 이야기를 확장하는 방법

Part 3 핵심 없는 설명문, 목적 없는 관찰기록문은 이제 그만

설명문_객관적 사실만 정확하게 전달한다 · 144
세상에서 가장 재미없는 글 | 기름기를 쫙 빼고 쓰자
● 아이와 함께 설명문 쓰기_독자가 이해할 수 있게 구체적으로 설명하기 · 152
설명의 여러 가지 방법들
설명문 쓰기 클리닉 · 155
1단계 : 잘 아는 소재를 택하라
2단계 : 분량과 치수를 정확히 써라
3단계 : 조사하고 연구하라

관찰기록문_관찰력과 탐구심으로 결과를 얻어낸다 · 166
관찰기록문의 대가, 파브르 | 관찰 대상을 정하는 일이 가장 중요하다
관찰기록문을 쓰면 얻을 수 있는 학습 효과
● 아이와 함께 관찰기록문 쓰기_무엇을 어떻게 왜 관찰할까 · 173
계획만 잘해도 절반은 성공 | 여러 종류의 관찰기록문

Part 4 자기주장 없는 토론, 정답이 있는 논술문은 이제 그만

토론_리더십과 도덕성을 알아볼 수 있는 말하기 방법 · 190
먼저 토론의 주제를 비틀어 보자 | 토론 준비하기 | 꼭 피해야 할 논리적 오류들
토론을 토의로 착각하는 사람들

논술문_내 주장을 논리적으로 전개하라 · 203
입시 전형이 바뀌어서 글쓰기 교육이 필요 없다? | 상대를 설득하는 논설문부터 연습하자
● 아이와 함께 논술문 쓰기_원인을 분석하고 독창적인 해결 방안 제시하기 · 210
논술문과 논술시험은 다르다
논술문 쓰기 클리닉 · 214
1단계: 먼저 이유와 근거부터 찾자
2단계: 토론으로 논리력을 다지자
3단계: 논설문에서 논술문으로

Part 5 **동심이 없는 동시, 어디서 본 듯한 동화는 이제 그만**

동시_공감과 소통의 문학 · 230

생애 처음 만나는 문학 | 아이들의 순수한 감성을 담은 시

언어와 감성 발달을 위한 동시 교육 | 공감과 소통 능력을 키워주는 문학 교육

● 아이와 함께 동시 쓰기_마음의 소용돌이를 포착하여 표현하라 · 242

낯선 시선으로 바라보자 | 동시의 조건

동시 쓰기 클리닉 · 251

1단계: 시적 감성 이해하기

2단계: 생각을 정교하고 세밀하게 표현하기

3단계: 시어로 갈고 다듬기

동화_상상력의 천재들이 창조한 세계 · 269

상상력이 세상을 바꾼다 | 상상력을 창의력으로 발전시키기

동화는 가장 강력한 상상력 제조기 | 거짓말하기 놀이의 효용

● 아이와 함께 동화 쓰기_마음 읽기와 이어 쓰기, 텍스트 없이 쓰기 · 281

이야기의 힘 | 동화 새롭게 쓰기 | 동화를 쓰기 전에 해야 하는 활동들

동화 쓰기 클리닉 · 295

1단계: 이야기 나무에 의문 달기

2단계: 이야기 이어 쓰기

3단계: 주어진 텍스트 없이 혼자 쓰기

일기 쉬워보이지만 가장 어려운 글

귀찮은 숙제가 된 일기

아이가 징징댄다. 수영장 나들이를 한 날이라 쓸 거리도 많은데 노는 데 힘을 다 쓴 아이는 일기 같은 걸 왜 써야 하느냐며 짜증을 낸다. 쓸 거리가 없는 날에는 더더욱 힘겨워 아이와 전쟁을 치르곤 한다. 일기는 너의 역사이자 거울이라 타일러도, 내일은 일기 검사가 있는 날이라고 협박해도 소용이 없다.

일기에 관해선 부모들도, 교사들도 할 말이 많다.

아이와 부모의 변

1. 매일 똑같은 하루, 쓸 거리가 없다.
2. 누군가에게 보여주는 일기, 진심을 담기 어렵다.
3. 숙제로 쓰는 일기, 거짓말로 쓰고 싶은 유혹이 생긴다.
4. 일주일에 두 번, 세 번 정해진 횟수 채우기가 힘들다.

5. 자기 전에 쓰는 일기, 피곤해서 더 쓰기 싫다.

6. 생각과 느낌을 길게 쓰는 것이 힘들다.

7. 빨간 볼펜으로 해주는 선생님의 맞춤법, 띄어쓰기 검열이 두렵다.

8. 길게 쓴 일기가 칭찬 받으니 부모가 도와줄 수밖에 없다.

9. 반성할 게 없는데 꼭 반성하는 내용을 써야 하나?

10. 사생활이 담긴 일기를 검사하는 건 인권침해 아닌가?

교사의 변

1. 하루를 되돌아볼 수 있는 시간을 갖게 된다.

2. 어린 시절의 역사를 남길 수 있다.

3. 나를 보다 객관적으로 바라볼 수 있게 해준다.

4. 규칙적인 일기 쓰기는 바른 습관을 길러준다.

5. 관찰하는 능력과 표현하는 능력이 좋아진다.

6. 생각을 글로 표현하는 방법을 익히게 된다.

7. 글 쓰는 힘이 늘어난다.

8. 바른 문장과 표현법을 익힐 수 있다.

9. 글쓰기에 자신감이 생긴다.

10. 교사와 학생 간에 교감할 수 있는 공간이 생긴다.

　가정에서는 강압적인 일기 쓰기와 관련된 불만이 많고, 학교에서는 학습과 관련된 효과를 무시할 수 없다는 의견이다. 부모의 말을 들어보면 일기는 아이들을 힘들게 하는 주범 같고, 또 교사의 말을 들어보면 일기는 안 쓸 수도 없는 필수 항목 같다.

2005년 국가인권위원회에서는 "일기 검사가 어린이의 사생활과 비밀의 자유 등 헌법에 보장된 아동 인권을 침해한다"며 교육부에 개선을 권고했다. 그리고 2012년 서울 「학생인권조례」에서도 "교직원은 학생의 동의 없이 일기장이나 학생 수첩 등 학생의 사적 기록물을 열람하지 않는 것을 원칙으로 한다"고 공표했다.

이에 따라 각 학교에서는 일기의 효용성과 가치를 대신할 수 있는 묘안을 짜내고 있다. 그 대안으로 모둠일기, 대화 노트, 상담 쪽지함 등이 활용되고 있다.

외국의 경우에는 일기를 교사에게 검사 받는다는 것은 상상할 수도 없는 일이다. 대신 초등학교 저학년 때부터 쓰기 수업이 따로 있어 다양한 과제와 테스트를 통해 능력을 평가받는다. 아이들은 일상 이야기를 글로 쓰며, 내가 누구인지 살펴보는 활동을 한다. 이밖에도 상상을 가미한 글이나 논리가 필요한 글까지 체계적이고 철저하게 글쓰기 교육을 받는다. 이처럼 외국에서는 우리가 일기 쓰기에서 얻고자 하는 교육적 효과를 글쓰기 교육을 통해서 충분히 얻고 있다. 교사는 아이들의 글을 통해서 아이와 교감하고, 아이의 생각을 읽어내며, 아이의 글쓰기 실력을 가늠한다.

일기 쓰기를 어떻게 이용하느냐에 따라 형식적인 것이 될 수도, 인권침해가 될 수도 있다. 자신의 역사를 기록으로 남기고 싶다면 일기는 개인의 판단에 맡기면 된다. 그것이 현실적으로 어렵다면 일기를 대신할 작문 노트를 만들어 보도록 제안하고 싶다. 일기장은 잘못된 표현과 글자를 교정해주기 쉽지 않고, 글 쓰는 능력에 대한 솔직한 의견과 평가를 내리기도 힘들지만 작문 노트라면 보다 적극적으로 조언해 줄 수 있다. 그리고 무엇보다 일상이라는 한정된 틀 안에서의 글쓰기가 아닌, 다양한 주제의 글쓰기가 가능하다는 장점이 있다.

일기는 글쓰기의 기초 과정

　나는 훌륭한 사람이 되고 싶습니다. 엄마나 이웃 아주머니 그리고 대부분의 여자들처럼 집안 일만 하다가 다른 사람의 기억에서 사라져 버리는 그런 인생은 살고 싶지 않아요. 남편 과 자식 이외에 온몸을 바칠 수 있는 일을 찾고 싶어요. 내가 죽은 뒤에도 영원히 살아남을 수 있는 그런 일! 그런 의미에서 나는 내 마음을 표현하여 스스로를 발전시킬 수 있도록 글을 쓸 수 있게 해준 하느님께 감사를 드립니다. 글을 쓰고 있으면 나는 무엇이든 잊어버릴 수 있습니다. 슬픔은 사라지고 용기가 솟아납니다.

『안네의 일기』, 안네 프랑크 지음, 효리원 펴냄, 165쪽

자라서 기자가 되고 싶다는 꿈을 가진 14세 소녀의 일기이다. 14세이면 심리적 격동기이기도 하지만 자의식이 발달할 때이기도 하다. 소녀는 자신의 능력에 알맞은 멋진 꿈을 꾼다. 하지만 소녀는 자신의

꿈을 이루지 못한다. 15세에 죽기 때문이다. "찬란한 햇빛과 구름 한 점 없는 하늘이 있고, 살아서 그것을 볼 수 있는 한 나는 행복하다"라고 말하는 소녀는 전 세계인의 가슴을 울리는 일기를 남기고 죽는다. 이 소녀가 바로 안네 프랑크이다. '죽어서도 영원히 살아남을 수 있는 일'을 꿈꾸던 안네의 소원은 일기장을 통해 이루어지지만 찬란한 햇빛과 구름은 15세 이후 볼 수 없게 된다.

'일기' 하면 으레 떠오르는 몇 사람이 있다. 안네와 이순신, 그리고 박지원. 안네는 은신처에서 생활일기를, 이순신은 전쟁 중에 『난중일기』를, 박지원은 중국 여행기인 『열하일기』를 남겼다. 우리는 『안네의 일기』를 통해 나치의 만행과 전쟁의 참혹함, 극한 상황에서도 숭고하게 빛나는 인간 정신을 배운다. 『난중일기』는 사료(史料)로서의 가치도 있지만, 이순신의 지략과 용맹을 생생하게 보여주며 그의 인간적인 따뜻함도 느끼게 해 준다. 또 『열하일기』에서는 여행자가 신문물을 보고 느꼈을 문화적 충격과 새로운 사상, 철학도 엿볼 수 있다.

일기는 할아버지에서 아이까지, 글을 안다면 누구나 쓸 수 있다. 일기는 개인의 사적인 기록이라 그 어떤 글보다 진솔하고 자기 고백적이다. 그래서 과거의 일기는 당시의 시대상과 문화를 살필 수 있는 실마리를 제공한다. 다만 개인의 생각과 철학이 담긴 내용이라 많은 사람들로부터 가치를 인정받기란 쉽지 않다. 일기가 문학적으로 인정받기 위해서는 뛰어난 관찰력과 진솔함, 그리고 독특함이 있어야 한다. 앞에서 예로 든 『안네의 일기』나 『난중일기』, 『열하일기』는 이러한 조건을 모두 갖추고 있다. 더불어 자신이 살고 있는 시대를 바라보는 가치관과 철학이 잘 담겨 있으므로 역사적으로도 인정받고 있다.

만약 안네가 '혹시 내가 죽으면 이 일기장이 공개되어 사람들이 영원히 나를 기억해 줄 거야'라고 생각하며 일기를 썼다면 어떠했을까? 아마도 지금처럼 전 세계인의 가슴을 울리지 못했을 것이다.

일기는 자유롭다. 공개를 목적으로 쓰지 않기 때문이다. 내가 표현하고 싶은 대로, 내가 생각한 대로 쓰는 것이다. 따라서 어떤 규칙이나 방법에 얽매일 필요가 없다. 이순신이나 박지원은 규칙에 따라 일기를 쓰지 않았다. 날짜를 적는 일 말고는 서로 공통점이 없다. 규칙에 얽매이면 일기는 지루하고 평범해진다. 그리고 공개를 목적으로 쓰는 일기는 이미 일기가 아니다.

어머니의 가계부도 넓은 의미의 일기이고, 수첩 속의 하루 일정도 넓은 의미의 일기이다. 내가 무엇을 타고, 무엇을 먹고, 무엇을 보았는지 적은 여행 기록도 일기이고, 다이어트를 위해 먹은 음식을 적은 기록도 일기이다. 이들은 모두 개인적 기록이고, 개인의 역사이다. 이러한 기록을 남길 때 우리는 어떠한 규칙이나 규정을 따르지 않는다. 내가 편한 대로, 내가 하고 싶은 대로 쓴다.

하루 중 감정이 가장 요동치는 순간을 낙서로 남겨도 일기가 된다. 혹은 기억에 남는 일상을 시로 남겨도 일기가 된다. 일상을 그림으로 남기고 싶다면 이 또한 일기가 된다. 이처럼 일기는 마음대로 표현할 수 있다.

그런데도 우리는 아이에게 이렇게 가르친다.

1. 일기는 매일 써야 돼.
2. 일기는 꼭 줄글로 써야 돼.
3. 일기는 그날 있었던 일만 써야 돼.
4. 일기는 생각이 들어가야 돼.
5. 일기는 하루를 반성해야 돼.
6. 날마다 똑같은 일은 쓰지 말아야 돼.
7. 일기 맨 앞에 '나는,' '오늘'을 쓰면 안 돼.
8. 일기 안에 '그리고,' '그래서'와 같은 접속어를 쓰면 안 돼.

이러한 규칙들은 일기의 성격을 잘 알지 못하고 정해놓은 것이다. 일기는 개인의 자유이자 사적 기록이라 규칙이 있을 리 없다. 위 규칙들은 일기를 글쓰기의 기본으로 활용할 때 유의해야 할 조건이다.

사실 우리가 그동안 학교에서 배우고 썼던 일기는 글쓰기를 위한 하나의 활용안이었다. 그런데 그 형식이 '일기'이다 보니 사적인 내용을 적어야 할 것 같은데 공개를 해야 하므로 수위 조절이 어렵고, 일기를 글쓰기의 기초 다지기 활동으로 생각하니까 마음대로 쓰기도 어려웠던 것이다. 정말 아이들에게 개인적인 일기를 쓰게 하고 싶으면 자유를 주고 마음껏 쓰도록 해야 한다. 반면 글쓰기의 기초로서 일기를 쓰게 한다면 체계적으로 가르치자. 이도저도 아니면서 중간에서 어정쩡하게 줄타기를 하면 혼란만 늘어난다.

이 책에서는 글쓰기의 기초 과정으로서 일기 쓰는 방법을 안내하고 자 한다. 일기를 글쓰기의 기본으로 활용할 때 어떻게 하는 것이 가장 효과적인지, 지금까지 잘못 알고 있었던 부분은 무엇인지 차근차근 짚어보기로 한다.

서사, 설명, 묘사, 논증

사람은 생각을 한다. 하루에도 수없이 한다. 생각은 인간의 모든 행동과 감정, 지식, 정서를 관장한다. 그런데 생각은 지극히 순간적이고, 즉흥적이며 때론 연속적이다.

생각이 밖으로 표출되면 말이나 글, 행동으로 나타난다. 그리고 이 셋 중 글이 가장 논리적인 형태를 띤다. 글은 생각의 덩어리이다. 순간적이고 즉흥적인 생각에 논리를 부여하여 하나의 덩어리를 만들어낸다. 꽃을 보고 예쁘다고 느끼는 생각은 순간적이고 즉흥적으로 형성되지만 이것을 글로 나타내면 하나의 생각 뭉치가 되어 드러난다. 따라서 생각을 효과적으로 표현하기 위해서는 적절한 표현법을 배워야 한다. 그래야 보다 합리적이고 논리적으로 생각을 드러낼 수 있다.

세상의 모든 글은 네 가지 방식으로 진술(陳述)한다. 첫째가 서사이고, 둘째가 설명, 셋째가 묘사, 넷째가 논증이다.

아침에 일어나서 서울랜드를 가니까 기분이 엄청 좋았다. 학교에서도, 버스에서도 도착할 시간만 궁금했다. 드디어 다 왔다! 나는 무척 신이 났다. 먼저 놀이기구를 한 개 탔다. 그거는 재미있기도 하고, 조금 시시하기도 했다. 그리고 나서 오페라의 유령을 보았다. 알찬 기분이었다. 그 다음엔 점심을 먹었고, 놀이기구 두 개를 탔다. 그 기구들은 흥미진진하고 좀 무서웠다. 또 이번엔 단체사진을 찍었다. 밝은 날이었다.

2학년 아이의 일기

놀이동산으로 소풍을 간 아이의 일기이다. 아이는 일이 일어난 과정을 시간의 흐름에 따라 서술했다. 이것이 바로 서사이다. 서사란 일이 일어난 과정에 초점을 맞추어 시간의 흐름에 따라 진술하는 방식을 말한다. 어떤 사실을 전달할 때 가장 많이 쓰는 방법이다. 이러한 서술방식은 당연히 줄거리가 생긴다. 이야기책은 대부분 서사를 기본으로 쓰였다. 그래서 일기는 글쓰기의 가장 기본적 서술 방식인 서사의 개념을 자연스럽게 익히도록 돕는다.

한자 공부를 하며 명경지수(明鏡止水)라는 사자성어를 알게 되었다. 뜻이 아주 차분한 느낌이 들었다. 뜻은 '밝은 거울과 잔잔한 물, 곧 맑고 깨끗한 마음을 나타낼 때'이다. 나는 명경지수라는 사자성어가 문장으로 나타낼 때는 이럴 것 같다.

"공부할 때에는 항상 '명경지수'해야 한다." 이런 것 같다.

나는 이 사자성어가 아주 마음에 든다. 그리고 다음 사자성어를 공부하고 싶다. 그리고 사자성어를 외워서 생활에 활용하고 싶다.

4학년 아이의 일기

새로 알게 된 사실을 적은 일기이다. '서울랜드'와는 다른 방식의 서술이다. 아이는 사자성어의 뜻을 적고, 어떻게 쓰일지도 추측하여 적었다. 이러한 서술 방법은 주로 무언가를 이해시키려 할 때 쓴다. 이것이 바로 설명이다. 설명이란 무언가를 알기 쉽게 풀어쓰는 진술 방식을 말한다. 초보적인 수준이지만 아이들은 일기를 통해 정보를 풀어쓰는 진술 방식인 설명의 개념을 이해하게 된다.

3월 29일 일요일
날씨 : 햇빛도 맑고 나도 맑고!
제목 : 내 방

지금부터 제 방을 소개하겠습니다. 제 방은 아담하지만 멋집니다.

책장과 책꽂이가 이어져있고, 벽지는 연두색, 옷장과 침대가 있습니다. 벽지 빼곤 다 흰색입니다. 인형도 있는데 아예 엄마가 만들어주신 곰인형입니다. 장식품이죠.

제 방이 처음 생겼을 땐, 아주 기뻤습니다. 하지만 지금은 아닙니다. 저는 커서 더 멋진 방이었으면 바랍니다.

4학년 아이의 일기

자신의 방을 소개하고 있는 일기이다. 직접 보지는 못했지만 ‘아담하지만 멋진’ 방이 머릿속에 그려진다. 특히 방 안에 무엇이 어떻게 자리하고 있는지 자세히 쓰고 있다. 묘사란 대상을 눈에 보이듯 있는 그대로 구체적으로 드러내는 진술 방식을 말한다. 묘사를 잘하기 위해서는 대상을 섬세하게 관찰하는 능력을 갖추어야 한다.

다음의 일기는 이상기후인 집중호우가 지구온난화의 원인이라고 생각하는 아이의 글이다. 일기이지만 논리적으로 자신의 생각을 잘 서술하고 있다.

이렇듯 아이들은 종종 일기에 어떠한 주장을 펼치기도 한다. 이러한 서술 방법을 논증이라고 부른다. 논증은 가정된 어떤 결론이 옳음을 증명하고 상대를 설득하기 위한 진술 방식이다. 논증은 다른 진술 방식에 비해서 복잡한 구조를 갖는다. 그리고 고도의 논리력을 갖춰야 한다. 따라서 논증적 글쓰기는 체계적인 교육이 필요하다.

5월 24일 화요일
날씨 : 아침에는 선선하다가 오후가 되니 무진장 더워짐. 내 마음도 더워서 땀이 삐질삐질
제목 : 이상기후

요즘 들어 이상기후가 심해지고 있는 것 같다. 장마철 즈음에 올 비가 저번에도 여러번 왔기 때문이다. 그리고 원래는 살짝 덥다고 느낄 이 시기에 아침에는 선선하다가 갑자기 오후에 많이 더워지고 있다. 이거는 아무리 생각해봐도 심각한 일이다. 이 때문에 태국의 어느 마을에서는 해안가인데 계속 폭풍우가 와서 전혀 살 수 없어 다른 마을로 이주하려 한다고 한다.

　이상기후는 지구온난화 때문에 생긴 것이다. 좀 더 정확히 말하면 사람 때문에 생긴 지구온난화에서 생긴 것이다. 이 지구온난화로 인하여 환경이 파괴되고 오염이 되기 시작했다. 오염들 중에서는 대기오염, 수질오염, 토양오염 등등 셀 수 없이 많다. 지구온난화는 오존층이 파괴되어 태양을 막는 부분이 파괴되는 것이다. 그래서 이상기후로 지구가 점점 더워지고 있다. 환경오염, 이상기후 등이 더 커지지 않기 위해서는 모두의 노력이 필요하다.

　이상기후 등을 막으려면 먼저 환경오염이 되지 않아야 한다. 가까운 곳은 자가용 보다 대중교통을, 그것보다 자전거를 타거나 걸어야 한다. 이렇게 우리가 실천한다면 이상기후와 환경오염 등이 더 진행되지 않을 것이다.

6학년 아이의 일기

　대부분의 아이들은 일기에서 주로 '서사'를 이용한다. 반면 '설명,' '묘사,' '논증'의 형식을 이용한 일기는 잘 쓰지 않는다.

　부모들은 걱정한다. 아이의 일기가 매일 똑같다고. 매일 그 내용이 그 내용이라고. 그것은 아이가 오로지 한 가지 서술 방식만 고집하기 때문이다. 서사의 방법만으로는 생각을 전달하는 데 한계가 있다. 초등학교 내내 서사만 배우는 글쓰기는 학습에 도움이 되지 않는다.

　서두에서 일기를 쓰면 "생각을 글로 표현하는 방법(글의 진술 방법)을 익히게 되고, 글 쓰는 힘이 자라고, 바른 문장과 표현법을 익힐 수 있으며, 글쓰기에 자신감이 생긴다"라고 했다.

　하지만 서사의 방법만으로 초등학교 6년 내내 일기를 쓰면 절대로 글쓰기 실력이 늘지 않는다.

일기를 잘 쓰면 공부를 잘하게 될까?

초등학교 1학년 국어 과정은 많은 부분을 일기 쓰기에 할애한다. 부모들은 일기를 잘 쓰면 진짜 공부를 잘하게 되느냐고 묻는다.

부모들이 말하는 '공부 잘하는 것'이 혹시 시험 점수가 높아진다는 의미라면 대답은 '아니오'이다. 일기와 시험은 직접적인 연관이 없기 때문이다. 글쓰기 수업이 따로 있어 글을 평가하고 점수를 매긴다면 말이 달라지겠지만 우리 교육에는 이러한 과정이 없다.

하지만 '새로운 것을 배우고 잘 익히는 것'이 공부의 개념이라면 일기는 공부 잘하는 데 당연히 도움이 된다.

일기는 연속성을 지니고 있다. 날마다는 아니지만 어떤 주기를 가지고 쓴다. 비록 그 주기가 일정하지 않더라도 반복적으로 글을 쓴다. 어떤 일에 익숙해지기 위해서는 그 일을 반복해서 한다. 경험이 쌓여야 잘할 수 있기 때문이다. 글쓰기도 마찬가지이다. 글을 많이 써보아야 실력이 향상된다. 그래서 일기 쓰기가 글쓰기에 도움이 된다. 초등학교 1학년 국어 과정에서 일기에 대부분을 할애하는 이유도 이 때문이다. 그나마 우리 아이들이 글쓰기의 기본이라도 익힐 수 있었던 것은 바로 일기를 통해 반복적으로 글 쓰는 활동을 했기 때문이다.

교육은 새로운 지식을 습득하는 과정이기도 하지만 생각하고 느낀 것을 드러내는 방법을 배우는 과정이기도 하다. 지식과 정보를 알아가는 것만큼, 느끼고 생각한 것을 효과적으로 드러내는 방법도 배워야 한다. 아이들은 일기를 쓰면서 자신의 생각을 밖으로 드러낸다. 어떤 생각이 들었는지, 왜 그러한 생각을 하게 되었는지 표현한다. 그러면서 아이들은 생각을 글로 표현하는 방법을 배워 나간다. 그래서 일기는 모든 글쓰기의 기본이다.

문단의 개념부터 심어주자

일기에 대한 궁금증 몇 가지

Q1 **일기는 매일 써야 하나?**

일기를 개인의 사적 기록이라는 목적에 맞춘다면 매일 적는 것도 좋다. 공개를 염두에 둔 일기가 아닌 경우에 해당된다. 매일매일 자신의 감정을 코멘트한다는 생각으로 분량이나 형식의 부담 없이 쓰는 일기는 자기 반성과 바른 습관을 기르는 데 도움이 된다.

그런데 글쓰기를 배우기 위해 쓰는 일기라면 매일 쓸 필요는 없다. 아이들이 스스로 주제를 정해 매일매일 한 편의 완성된 글을 쓰는 것은 쉽지 않다. 대신 글쓰기를 배우는 단계에 있는 아이들이라면 일주일에 2~3회 정도 규칙성을 갖고 쓰는 것이 좋다.

작가들은 일상적으로 떠오르는 아이디어나 생각을 글로 적는 습관이 있다. 나중에 작품을 쓸 때 참고하기 위해서이다. 이런 아이디어는 매일매일 떠오르지 않는다. 어느 순간 폭풍처럼 밀려온다. 횟수에 얽매이지 말고 정말 중요한 사건이나 좋은 아이디어가 있을 때 일기를 쓰는 것이 좋다.

Q2 일기는 꼭 줄글로 써야 하나?

그렇지 않다. 기록을 남기는 데 글이 가장 합리적인 방법이므로 글을 이용할 뿐이다. 우리가 쓰는 일기는 역사적 사실을 기록하는 기록물이 아니기 때문에 꼭 줄글로 쓸 필요는 없다.

줄글로 쓸 만한 주제가 없다면 과감하게 동시나 노래 가사로 바꾸어 쓰는 것도 좋다. 또 그림글자나 만화로 꾸며도 좋다. 일기가 글쓰기에 활용된다고 해도 형식이 없다는 일기의 특성에는 변함이 없다.

Q3 일기에는 생각이 꼭 들어가야 하나?

어떤 내용의 글이냐에 따라 다르다. 서사의 방법으로 쓴 이야기라면 그 일에 대한 자신의 의견을 적는 것이 좋다. 특히 논증의 글인 경우에는 주관적인 의견과 판단을 논리적으로 증명하여 상대를 설득해야 하기 때문에 다른 글에 비해 생각의 비중이 크다. 반면 묘사나 설명의 글에는 생각보다는 사실이 더 많은 비중을 차지한다.

일기에는 생각을 많이 표현해야 한다는 선입견을 버려야 한다. 없는 생각을 일부러 지어내거나 '재미있다,' '좋았다' 와 같은 형식적인 말보다는 솔직한 생각을 적는 것이 좋다. 그리고 이마저도 없다면 아예 쓰지 않는 게 낫다.

Q4 일기에는 반드시 반성하는 내용을 적어야 하나?

그렇지 않다. 이 역시 어떤 성격의 글이냐에 따라 다르다.

강아지를 묘사한 글에 반성의 내용을 적는다고 생각해보자. '강아지는 이러이러하게 생겼다'라고 썼는데 끝에 '강아지를 더 예뻐하고 사랑해야겠다'라고 쓴다면 글의 주제와 상관없는 문장을 덧붙인 격이 된다. 반성은 자신이 경험한 사건을 통해 깨달은 것이 있을 때 적어야 한다.

Q5 날마다 똑같은 일은 쓰지 말아야 하나?

글의 주제나 흐름에 관련이 없는 내용이라면 적지 않는다. 학교에서 일어난 이야기를 적는데, 아침에 일어나 밥 먹고 세수하고 걸어서 학교에 도착한 이야기는 굳이 적을 필요가 없다. 드라마도 주인공이 아침에 일어나 저녁에 잠들 때까지의 모든 순간을 화면으로 보여주지 않는다. 이러한 내용을 일일이 보여주면 이야기가 늘어지고 산만해지기 때문이다. 또 알려주지 않아도 충분히 추측이 가능하기 때문이다. 날마다 똑같은 일이지만 그 일이 특별해지는 순간이 아니라면 일반적인 내용은 적지 않는다.

Q6 일기 맨 앞에 '나는,' '오늘'을 쓰면 안 되나?

"엄마, 학교에서 울었어."

아이가 학교에서 있었던 이야기를 하는데 이와 같이 말했다면 '누가? 왜?'라는 질문을 하고 싶을 것이다. 문장에 주어가 빠지면 생각을 정확히 전달하지 못한다. 글의 흐름상 주어를 쓰지 않아도 뜻이 전

달되는 경우도 있지만 모든 말에 주어를 쓰지 않으면 완결된 문장이
될 수 없다.

<u>나는</u> <u>축구를</u> <u>했다</u>.   **<u>오늘은</u> <u>순이의</u> <u>생일이다</u>.**
주어   목적어   서술어   주어   관형어   서술어

위 문장에서 주어를 빼고 '축구를 했다'라고만 하면 누가 한 것인
지 명확하지 않다. 역시 '순이의 생일이다'라고만 하면 언제인지에
관한 정보를 알 수 없다.

글쓰기에서 기초적인 단계의 아이들은 우선 정확한 문장부터 익혀
야 한다. 일기의 주체는 당연히 나이기 때문에 주어를 생략해도 된다
고 가르치면 아이들은 주어의 쓰임을 소홀히 여길 수도 있다.

'나는,' '오늘'을 쓰지 말라는 이유는 같은 말의 반복이나 지루한
표현을 줄이자는 의도이다. 주어와 서술어는 문장의 기둥인데 기둥이
없으면 생각을 정확히 전달할 수 없다. 먼저 완결된 문장을 배우고 난
후 글 다듬는 방법을 배우는 것이 바람직하다. 따라서 바른 문장 쓰기
가 익숙해질 때까지 '나는,' '오늘'은 꼭 쓰도록 지도하는 것이 좋다.

Q7 **일기 안에 '그리고,' '그래서' 같은 말은 쓰면 안 되나?**

나는 학원이 끝나고 철수네랑 삼겹살을 먹으러갔다. 그런데 거기 삼겹
살은 너무 맛있었다. 그리고 나는 잔치국수도 먹었다. 하지만 잔치국수에 고춧가
루가 많이 들어가서 매웠다. 그러나 나는 참고 먹었다. 정말 좋은 시간이었다.

2학년 아이의 일기

접속어가 많이 들어간 일기인데, 접속어를 빼고 다시 적어본다.

나는 학원이 끝나고 철수네랑 삼겹살을 먹으러갔다. 거기 삼겹살은 너무 맛있었다. 나는 잔치국수도 먹었다. 잔치국수에 고춧가루가 많이 들어가서 매웠다. 나는 참고 먹었다. 정말 좋은 시간이었다.

글이 한결 간결해지고 긴장감이 느껴진다. 접속어는 문장과 문장, 문단과 문단을 이어주는 다리 역할을 한다. 적절한 접속어의 사용은 문장이나 문단을 긴밀하게 연결하여 글에 통일성을 준다. 하지만 지나치게 사용하면 글의 긴장감을 떨어뜨리고 산만해진다. 보통 일기처럼 서사나 묘사적인 표현이 많은 글은 접속어를 생략해도 글의 흐름에 방해를 받지 않는다. 반면 설명적인 글은 접속어가 자주 사용된다. 일기에 접속어를 사용하지 말라고 하는 이유는 글에 긴장감과 압축미를 주자는 의도이다. 그러므로 접속어는 글의 성격과 흐름에 맞게 적절히 사용하는 것이 좋다.

Q8 **일기를 쓸 때 처음 한 칸은 왜 비우는가?**

생각은 문장을 이용하여 전달한다. 그런데 하나의 문장만으로는 생각을 온전히 전달하기가 어렵다. 주제에 어울리는 여러 문장을 묶어야 자신의 생각을 정확히 전달할 수 있다. 이렇게 중심생각을 하나로 묶은 '문장의 무리'를 문단이라고 부른다.

글을 쓸 때 첫 칸을 비우고 쓰는 이유는 문단이 시작됨을 나타내기 위해서이다. 바로 문단을 구분하기 위한 것이다.

아이들 중에는 첫 문단의 시작 칸을 비우고 쓴다는 사실은 알지만 안타깝게도 글이 지속되어도 문단을 구분하지 못하는 경우가 많다. 문단의 의미를 모르기 때문이다. 보통 생각은 순간적이고 즉흥적이다. 생각나는 대로 글을 쓰면 말하려는 의미가 모호해진다. 그래서 우리는 주제에 어울리는 여러 문장을 모아서 완결된 생각을 전달한다. 따라서 이야기의 주제가 바뀌면 문단 구분을 위해 첫 칸을 비우고 글을 적는다.

Q9 일기에 날씨는 왜 적나?

사실 일기에 날씨를 꼭 적어야 한다는 규칙은 없다. 날씨를 적는 것이 도움이 되기 때문이다. 일기에 날씨를 쓰는 것이 무엇에 도움이 될까?

일기는 개인의 삶을 기록한 나만의 작은 역사책이다. 소소한 사건에서부터 내 삶에 큰 변화를 준 사건까지 다양한 이야기가 기록된다. 이때 날씨는 그날그날의 분위기를 살리고 기억하는 데 도움을 준다.

이순신은 『난중일기』에 꼭 날씨를 적었다. 어머니와 가족의 안부가 걱정스러운 날 "몹시 춥고 바람 불었다"라고 썼다. 간단하게 적은 날씨라 할지라도 이순신의 그리움과 안타까움이 더 깊이 다가온다.

일기에 날씨를 적으면 글의 분위기를 살피고 짐작하는 데 도움을 준다. 따라서 '맑음, 흐림, 비'와 같이 간단한 표현보다는 그날의 분위기나 나의 느낌 등을 덧붙여 구체적으로 표현하는 것이 좋다.

- 맑은데 가디건을 입기엔 춥고, 겨울 잠바를 입기엔 더운 날
- 저번 주보다는 따뜻하지만 아직도 덜덜덜
- 해가 반짝! 놀이터에서 놀기에 좋은 날
- 흐리다가 살짝 맑아졌지만 내 마음은 여전히 흐린 날
- 하늘이 찌뿌둥. 비가 슬쩍 흘러내림
- 맑고, 깨끗하고, 파란 하늘! 이게 가을 하늘?
- 내 마음은 맑지만 비가 억수 같이 쏟아지는 날
- 강아지처럼 눈밭을 구르고 싶은 함박눈 쏟아지는 날

6학년 아이의 일기 중 날씨 부분

Q10 일기에 제목을 꼭 써야 하나?

제목은 글의 얼굴이다. 제목은 글을 대표하고 독자의 호기심을 끄는 역할을 한다. 글쓴이는 제목을 통해 독자에게 나는 이런 이야기를 할 거라는 암시를 준다. 즉 제목은 글의 내용을 함축하고 글의 가치를 드러낸다. 또 제목은 글에 활기를 불어넣는 역할도 한다. 그래서 작가들은 제목을 짓기 위해 많은 시간과 노력을 기울인다.

일기는 독자가 읽을 것을 예상하며 쓰는 글이 아니기 때문에 꼭 제목을 지을 필요는 없다. 하지만 일기를 쓰며 제목 짓는 연습을 하면 글을 함축하고 정보를 압축하는 능력을 키울 수 있다.

생각을 논리적으로 전달하기

꾸준히 일기를 써서 책으로 엮을 분량이 되었는데도 여전히 글쓰기에 어려움을 느끼는 아이들이 많다. 이때 부모나 교사들은 '맞춤법'이나 '띄어쓰기,' '정확한 문장 구사'와 같은 글쓰기의 기본 능력 부족이 그 원인이라고 생각한다. 그래서 글을 볼 때 이 점을 중점적으로 살핀다.

그런데 정작 아이들의 글에서 보이는 결정적인 문제점은 바로 산만성이다. 응집력이 떨어지고, 주제가 모호한 글이 많다. 이것은 생각을 어떻게 묶어야 논리적인 글이 되는지 배우지 않았기 때문에 발생한다. 필요 없는 문장이나 틀린 글자는 고치면 되지만 목적이나 의도가 모호한 글은 처음부터 다시 써야 한다. 그래서 글쓰기의 숲인 맞춤법이나 띄어쓰기보다 글의 큰 산인 문단의 개념을 알려주는 것이 우선적으로 지도해야 할 과제이다.

다음 1학년 듣기 말하기 쓰기 교과서의 예문을 살펴보자.

9월 3일 일요일
날씨 : 흐리고 빗방울이 떨어짐
제목 : 아버지는 요리사

점심때 아버지께서 볶음밥을 해주셨다. 빨간 당근, 푸른 완두콩, 노란 달걀이 들어가서 참 예뻤다. 맛은 고소하고 약간 매웠다. 어머니와 나는 맛있어서 두 그릇이나 먹었다. 하지만, 내가 좋아하는 햄이 들어가지 않아 좀 아쉬웠다. 그래도 아버지께서 해주시는 볶음밥이 최고다. 저녁때는 친구들과 재미있게 놀았다.

「민지의 일기」, 『국어 듣기 말하기 쓰기 1-2』, 교육과학기술부, 19쪽

깔끔한 일기이다. 그런데 눈에 거슬리는 문장이 있다. '저녁때는 친구들과 재미있게 놀았다' 라는 문장은 아버지의 요리 이야기와 어울리지 않는다. 한마디로 주제와 상관없는 문장이다.

위 일기를 읽고 아이들은 다음과 같은 문제를 푼다.

● **일기의 내용 가운데 제목에 알맞지 않은 것은 무엇인가요?**
  왜 그렇게 생각하나요?

문단의 개념을 알고 있는 아이라면 쉽게 풀 수 있는 문제이다. 이처럼 예문이나 문제 풀이로 문단의 개념을 익히는 것도 좋지만 직접 써보는 것만큼 확실한 방법은 없다.

문단을 안다는 것은 매우 중요하다. 이는 생각을 응집하여 전달할 수 있는 능력이 생긴다는 뜻이다. 결국 문단이 모여 하나의 글이 되기 때문이다.

글의 최소 단위는 단어나 문장이지만 아이들에게 문단을 먼저 가르쳐보자. 그리고 아이들과 함께 문단은 무엇이고, 어떻게 쓰는지 가르쳐주자. 그래서 통일된 생각의 덩어리를 표현할 수 있도록 하자. 그다

음에 세부적인 표현 방법을 가르쳐도 늦지 않다.

일기는 주로 초등학교 저학년들이 쓴다. 하루를 반성하고 자신을 돌아보아야 하는 것은 누구나 필요한데 저학년에서 집중적으로 가르치는 까닭은 무엇일까? 일기가 글쓰기에 도움이 되기 때문이다. 일기를 통해 글쓰기의 기본을 가르칠 수 있기 때문이다.

1학년 아이들은 국어 교과서로 '일이 일어난 순서로 이야기 전개하기'에 관해 집중적으로 공부한다. 바로 서사의 의미를 알게 하려는 의도이다. 일기는 나에게 일어난 일을 적는 활동이다. 그러자면 어떠한 과정에서 일이 일어났고 어떤 결과를 가져왔는지 서술할 수 있어야 한다.

그런데 요즘 아이들은 글을 일찍 깨우치고, 독서의 양도 많아 일이 일어난 순서나 원인, 결과 정도는 잘 알고 있다. 따라서 지금처럼 많은 시간을 할애하여 서사의 방법을 배울 필요는 없다. 그보다는 생각을 논리적으로 전달하는 방법을 익히는 것이 더 중요하다. 더불어 다양한 진술 방식을 익혀 같은 내용의 이야기라도 자신만의 색으로 글을 쓸 수 있도록 지도해야 한다.

일기 쓰기 클리닉

우리 아이는 어떤 단계일까?

다음의 점검하기를 확인하고, 알맞은 단계에서 시작하자!

0~4개: 1단계(기초 단계) **5~8개:** 2단계(성장 단계) **9~12개:** 3단계(고급 단계)

점검하기

- ☐ 보통 한 쪽 분량이 넘게 글을 쓴다.
- ☐ 이야기를 읽고 일이 일어난 순서대로 말할 수 있다.
- ☐ 글에 자신의 생각을 잘 드러낸다.
- ☐ 일기 쓰기를 어려워하지 않는다.
- ☐ 문단의 개념을 알고 있다.
- ☐ 핵심 단어를 짚어낸다.
- ☐ 일기의 제목을 적절히 잘 짓는다.
- ☐ 문장부호의 쓰임을 정확히 알고 있다.
- ☐ 문장에 다양한 의성어와 의태어를 자주 사용한다.
- ☐ 비유를 사용하여 표현할 줄 안다.
- ☐ 원인과 결과를 논리적으로 표현한다.
- ☐ 주어와 서술어의 호응이 일치한다.

그림일기는 그림도 그리고 글도 쓸 수 있다는 장점이 있다. 다시 말해, 그림과 글이라는 두 마리 토끼를 잡을 수 있다. 하지만 오히려 그림일기가 아이를 힘들게 할 수도 있다. 1학년인 아이에게는 그림 하나를 완성하기도, 그에 어울리는 글쓰기도 쉽지 않기 때문이다.

그래서 요즘에는 그림일기를 권장하지 않는 분위기이지만, 글쓰기의 입문 단계인 아이들에게는 꼭 그림일기 쓰라고 권하고 싶다.

굳이 그림일기를 고집하는 데는 이유가 있다. 그림일기가 '문단의 개념'을 이해하는 데 도움이 되기 때문이다. 기존의 그림일기가 그림과 글의 비중이 똑같았다면, 문단의 개념을 이해하기 위한 그림일기에서는 그림의 비중이 적게 들어가는 것을 전제로 다음을 살펴보자.

우선 그날 있었던 인상적인 일 가운데 기억에 남는 한 장면을 간단하게 스케치하듯 연필로 그린다. 색칠은 하지 않는다. 그다음에 글을 쓴다. 글은 그림이 무엇을 나타내는지 설명하는 내용만 쓴다. 그림 속의 이야기만 쓰는 것이다.

이렇게 하면 다른 이야기를 덧붙이지 않아서 좋다. 즉 한 가지 주제에 어울리는 한 가지 이야기만 쓸 수 있다. 글을 다 쓰고도 여유가 있다면 색칠을 해도 좋다.

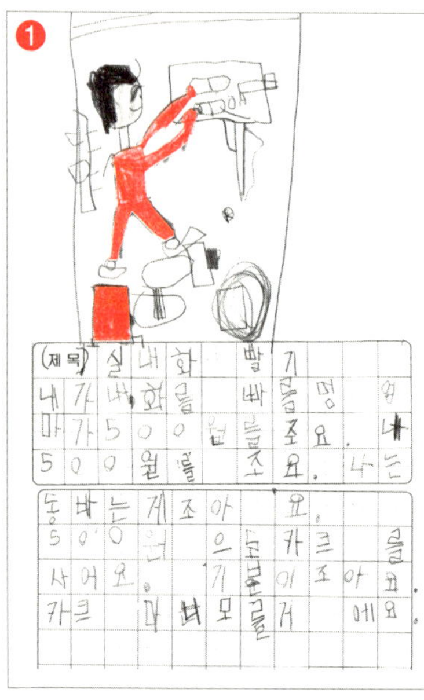

　내가 실내화를 빨면 엄마가 5백 원을 줘요. 나는 돈이 좋아요. 나는 돈 받는 게 좋아요. 5백 원으로 카드를 사요. 기분이 좋아요. 카드를 많이 모을 거예요.

1학년 아이의 일기

　①번 그림일기는 연필로 실내화를 빨고 있는 그림의 내용을 글로 적은 것이다. 만약 그림일기가 아니었다면 '아침에 일어나 학교에 갔다 와서 실내화를 빨았다'라고 서사적인 관점에서 일기를 썼을 것이다. 하지만 아이가 그림을 보고 이야기를 적었으므로 다른 이야기를 덧붙이지 않고 오로지 실내화 빨기와 그 까닭에 관한 내용만 적었다.

　저학년 아이들에게 주제나 중심생각이라는 말은 어렵다. 빨간색은 빨간색끼리, 파란색은 파란색끼리 묶듯, 생각도 같은 내용끼리 묶어주는 것이라고 설명하면 알아들을 수 있을까? 그런데 아이들은 같은 색은 쉽게 묶어도 같은 생각은 어떻게 구분하고 묶어야 하는지 알지 못한다. 또 생각을 묶어준다는 개념은 알아도, 실제 쓰기에서는 적용을 잘 못한다. 이럴 때, 그림일기를 활용하면 이해가 훨씬 쉽다.

② 3월 27일 월요일

날씨 : 해, 구름

제목 : 바닥그림

　나는 순이랑 나랑 바닥그림을 그렸어요. 바닥그리기는 돌멩이로 그려야 돼요. 그러면 그림이 그려져요, 너무 신기해요. 돌멩이가 딱딱해서 바닥 껍질이 벗겨지는 거예요.

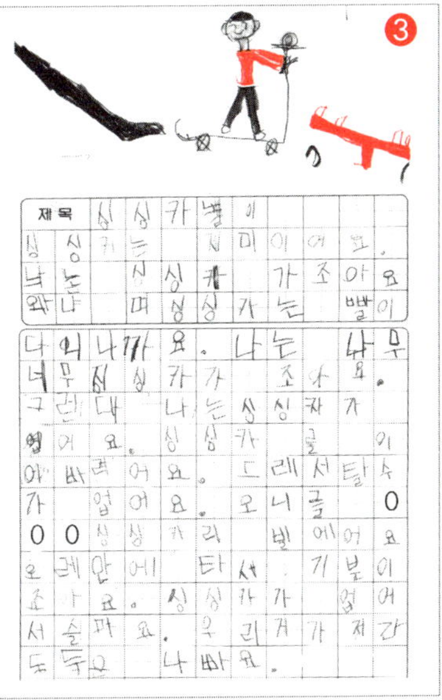

③ 5월 6일 목요일

날씨 : 비

제목 : 싱싱카 놀이

　싱싱카는 재미있어요. 나는 싱싱카가 좋아요. 왜냐하면 싱싱카가 빨리 달리니까요. 그런데 나는 싱싱카가 없어요. 싱싱카를 잃어버렸어요. 그래서 탈 수가 없어요. 오늘은 철수의 싱싱카를 빌렸어요. 오랜만에 타서 기분이 좋아요. 싱싱카가 없어서 슬퍼요. 우리 거 가져간 도둑은 나빠요.

1학년 아이의 일기

②번 ③번 역시 1학년 아이의 그림일기이다. 그림을 간단히 그리고 그 상황을 글로 적는 방법으로 일기를 썼다. 모두 주제가 한 가지이다. 그림을 보고 적은 일기이기 때문이다. 일반적으로 아이들의 일기는 과정보다는 상황 묘사가 주를 이룬다. 반면 다음의 일기를 살펴보자.

④ 6월 4일 월요일

제목 : 산음휴양림

　　나와 친구들은 산음휴양림에 갔다. 그때가 일요일이었다. 지금은 월요일이다. 우리는 고기도 먹고, 재미있게 놀았다. 나는 특히 친구들이랑 노는 게 재미있었다. 우리는 계곡에서 물놀이도 했다. 또 종이컵으로 개미를 잡아 놀기도 했다. 정말 신나는 날이었다.

2학년 아이의 일기

　　위 그림일기의 그림은 휴양림의 한 장면인데 일기의 내용이 그림과 조금 다르다. 우선 요일 이야기로 서두를 시작했고, 고기 먹기, 친구들과 놀기, 계곡에서 놀기, 개미잡기 등 다양한 이야기가 들어 있다. 물론 모두 휴양림에서 한 일이기 때문에 넓은 의미에서 주제를 벗어났다고 할 수는 없다. 하지만 너무 많은 이야기가 들어가다 보니 인상적인 일이 무엇인지, 정말 신나는 놀이는 어떤 것인지 알 수가 없다.

글쓰기의 기초를 일기로 배우고 있으므로 일기에 한 일을 빠짐없이 적을 필요는 없다. 서사적인 관점으로 하루 생활을 모두 적기보다는 기억에 남는 한 가지 이야기나 소재를 적는 것이 좋다. 그래야 상황을 보다 세밀하게 묘사하고 생각을 드러낼 수 있다.

이렇게 그림일기를 이용해 한 가지 이야기만 일기로 쓴다는 개념을 알게 되었다면 더 이상 그림일기를 쓸 필요가 없다. 대략 그림일기 한 권 정도만 쓰면 아이들은 쉽게 개념을 이해한다. 이때부터 과감하게 일기장을 바꾸자. 그리고 그림일기를 썼을 때와 같은 방법으로 일기를 쓴다. 대신 그림은 그리지 않고 머릿속으로 장면을 떠올려 글로 적는다.

⑤ 5월 30일 화요일
날씨 : 해
제목 : 비둘기

나는 학교가 끝날 때 그때! 마침 비둘기가 죽어있었다. 나는 깜짝 놀랐다. 나는 비둘기를 살며시 만져 보았다. 나는 불쌍했다. 나는 그때 깃털을 뽑았다. 나는 깃털을 집에 들고 가니 엄마가 깃털 갖고 방에 들어오지 말라고 말했다.

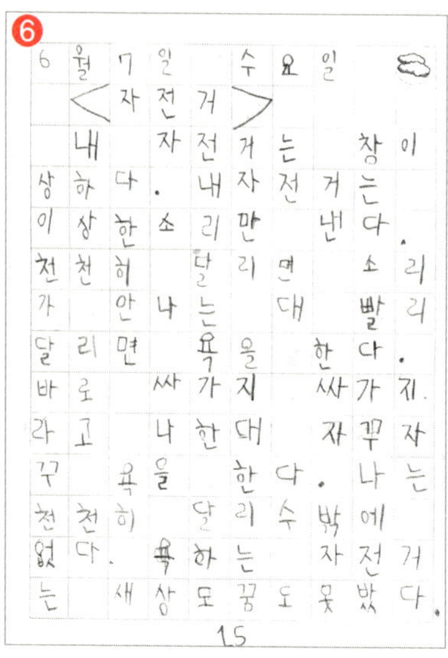

⑤번은 죽은 비둘기를 본 날에 대한 일기이다. '학교가 끝날 때 그때! 마침'이란 표현이 상황의 긴박감을 전달해준다. 호기심 많은 아이는 비둘기가 정말 죽었는지 확인하고 싶어 '살며시' 만져본다. 일이 일어난 상황에 맞추어 글을 쓰니 사실적인 표현이 많아졌다. 그리고 상황을 보다 섬세하게 표현할 수 있게 되었다.

⑥번 일기는 더 재미있다. 오래된 자전거에서 삐그덕 삐그덕 소리가 나자 아이는 그 소리를 '싸가지 싸가지'로 듣는다. 자전거를 타고 쌩쌩 달리고 싶은데 그럴 때마다 욕을 듣게 되니 어쩔 수 없이 천천히 달리는 모습이 떠오른다. 아이는 욕하는 자전거는 꿈에서도 본 적이 없다고 말한다. 이 일기 역시 사건의 흐름에 따르기보다 묘사와 설명

에 중점을 두고 글을 썼다. 생각과 느낌이 자연스럽게 드러난다. 느낌을 어느 부분에서 길게 써야 하나 고민하는 일반적인 일기와 다르다.

일기에 쓰고 싶은 이야기가 여러 개일 때는 어떻게 해야 할까? 그럴 때는 그림일기를 두 편 쓴다고 생각하면 된다. 한 날짜에 〈비둘기〉란 제목으로 일기를 쓰고, 그 밑에 다시 〈자전거〉라는 제목으로 쓰면 된다. 서로 다른 주제이므로 구분하여 쓴다. 내용이 다른 이야기는 분리해서 적어주고, 그 구분은 칸을 들여쓰는 것으로 나타내도록 지도한다.

예로 든 일기들에는 공통된 특징이 있다. 날씨나 제목이 간결하다는 점이다. 일기에 날씨나 제목을 구체적으로 표현하는 것도 중요하지만 기초 단계의 아이에게는 글의 내용을 어떻게 쓰느냐가 더 중요하다. 그래서 날씨와 제목은 간단하게 적어 부담을 줄여주어야 한다.

point_ 1단계는

- ▶ 그림일기로 일기 쓰기를 시작한다.
- ▶ 그림은 연필로 간단하게 그리되 색칠은 하지 않는다.
- ▶ 그림을 다 그리면 그림과 관련된 이야기를 글로 쓴다.
- ▶ 일기는 한 가지 이야기만 쓴다는 개념이 잡히면 그림 없는 일기장으로 바꾼다.
- ▶ 그림 없는 일기장을 쓸 때는 머릿속으로 장면을 떠올려 글로 쓴다.
- ▶ 쓰고 싶은 이야기가 더 있을 때는 글 아래에 다시 제목을 쓰고 해당 내용을 적는다.
- ▶ 날씨나 제목은 간단하게 쓴다.

저학년은 10칸 공책, 일명 깍두기공책으로 일기를 쓴다. 시간이 흐를수록 글의 양이 늘어나면 10칸 공책 한 쪽은 금방 넘어간다. 사실 깍두기공책 한 쪽은 칸이 나뉘어 있기 때문에 글의 분량이 많지 않다. 그런데 아이들은 공책 한 쪽이 넘어가면 많이 썼다고 생각한다. 쓸 거리가 더 있어도 그만 쓴다. 그래서 일기의 양이 깍두기공책 한 쪽을 넘기 시작하면 무제공책으로 일기장을 바꾸어준다. 칸이 나뉜 공책은 바른 글씨와 띄어쓰기 교정에 도움을 주지만 요즘 초등학생들은 입학 전에 글을 배운 탓에 10칸 공책은 많이 쓰지 않는 분위기이다.

⑦ 8월 8일 수요일

날씨 : 비가 왔다.

제목 : 비가 왔다가 그쳤다.

오늘은 정말 짜증났다. 오늘은 비가 왔다 안 왔다 한다. 내가 자전거를 타려고 할 때는 맑았는데 내가 자전거를 탈 때는 비가 후두둑 떨어져서 비를 다 맞았다. 그래서 내가 집에 돌아왔는데 비가 그친 것이다. 그래서 오늘은 짜증이 난 것이다. 접때도 맑아서 엄마가 빨래를 널었는데 갑자기 비가 와서 빨래를 걷었는데 갑자기 비가 그친 것이

다. 그래서 너무나 짜증이 났다. 내일도 비가 온다고 했다. 언제쯤 비가 그칠
까? 하휴~

1학년 아이의 일기

글의 양이 제법 많아진 1학년 아이의 일기이다. 오락가락하는 변덕
스러운 날씨 때문에 짜증이 난 이야기가 주를 이룬다. 더불어 비슷한
경험을 한 엄마의 이야기까지 덧붙였다. 초기의 일기와 달리 날씨나
제목이 좀 더 구체적으로 바뀌었다.

⑧ 7월 28일 토요일
날씨 : 구름이 많고 덥다.
제목 : 엄마랑 나랑 바보다.

　아침에 엄마랑 공부를 하고 있었다.
모기가 날아와 엄마 턱에 앉았다. 그런
데 엄마가 자기 턱을 마구 때렸다. 그
래서 내가 낄낄 웃다가 그만 연필로 내
목을 찔렀다. 엄마하고 나는 참 바보
다. 엄마하고 나는 낄낄 웃었다. 엄마
는 내 목을 치료해주었다. 나는 왜 내
목을 찔렀을까? 하휴~

　나는 목이 말라 물을 먹으려고 하다
가 물이 샐까봐 안 먹었다. 2분후 있으
니까 내가 물을 먹었더니 "음~ 목에

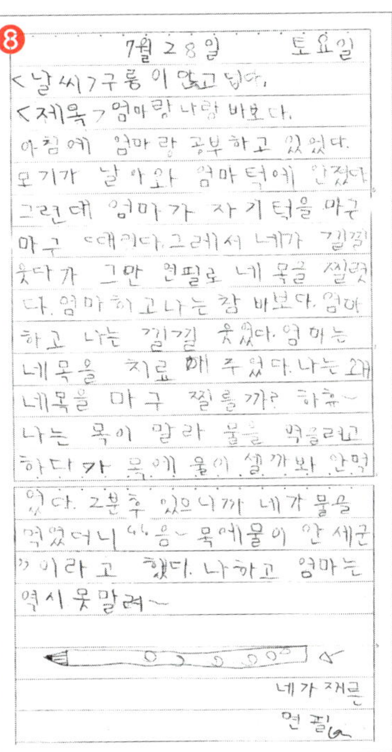

물이 안 새는군."이라고 했다. 나하고 엄마는 역시 못 말려~

2학년 아이의 일기

　재미있는 순간을 사실적으로 표현한 일기이다. 연필로 목을 찔렀기 때문에 물을 마시면 샐 것이라고 생각한 부분이 웃음을 자아낸다. 그런데 결국 물을 마셨는데 새지 않았다는 내용을 쓸 때는 큰따옴표를 사용했다. 하지만 이것은 정확한 표현이 아니다. 혼잣말을 적은 글에는 작은따옴표를 사용해야 한다.

　성장 단계의 아이들은 글의 양이 늘어나는 것 이상으로 다양한 문장을 구사하게 된다. 문장은 성격에 따라 각기 다른 문장 부호를 사용한다. 평서문은 마침표(.), 의문문은 물음표(?), 감탄문은 느낌표(!), 줄임말은 말줄임표(……)를 사용한다. 문장 부호의 뜻과 사용 방법은 초등학교 3학년에서 자세히 배우게 된다. 하지만 개념을 알고 있다 하더라도 실제 사용에는 차이가 있을 수 있다. 특히 따옴표 사용은 아이들이 많이 헷갈려 하는 부분이니 주의 깊게 살펴보는 것이 좋다.

tip 큰따옴표와 작은따옴표

큰따옴표

- 대화를 그대로 옮길 때 사용한다.
  "밥 먹었니?"
- 다른 사람 말을 인용할 때 사용한다.
  소크라테스가 "너 자신을 알라"라고 말했다.

작은따옴표

- 마음속으로 한 말이나 생각을 옮길 때 사용한다.

  '아, 내가 잘 할 수 있을까?'
- 대화글 안에 인용하는 말이 있을 때 사용한다.

  "밥 먹고 하자. '금강산도 식후경'이라는 말도 있잖아."
- 강조하고 싶은 말에 사용한다.

  입장을 위해서는 반드시 '신분증'을 지참하세요.

⑨ 11월 27일 화요일

날씨 : 춥다.

제목 : 냄비 폭발 위기 직전

오늘은 공부가 끝나고 일기만 남았을 때 부글부글 끓고 있는 김칫국을 보았다. 그런데 원래는 뚜껑이 반 정도 열려 있어야 하는데 닫혀있었다. 난 식탁에 앉아 2mm쯤 되는 틈으로 국물이 새는 것을 볼 수 있었다. 그런데 국물이 넘치는가 싶더니 물이 불에 식어서 치~칙~ 거렸다. 난 불이 날까봐 가스를 아예 꺼버렸다.

그러자 엄마가 달려와서 열어져 있는 냄비 뚜껑을 왜 덮었냐고 화를 냈다. 엄마는 뭐가 뭔지 잘 모르는 것 같다. 왜냐하면 난 그냥 불날까봐 그냥 끈 건데 엄마는 그것을 모른다.

3학년 아이의 일기

위기 상황을 지혜롭게 넘긴 아이의 일기이다. 국물이 끓어 넘치는 장면과 과정을 자세히 설명하고 있다. 특히 '부글부글' '치~ 칙~'과 같이 의성어를 적절하게 사용하여 글이 훨씬 풍성하고 섬세하게 되었다. 2단계의 아이들에겐 일기를 쓸 때 묘사적인 표현을 많이 사용하도록 지도한다.

`tip` 섬세한 묘사의 방법

- 구체적으로 설명한다.
  국물이 넘치고 있었다.
  → 냄비 뚜껑의 좁은 틈으로 국물이 흘러 불에 떨어지고 있었다.
- 의성어, 의태어를 사용한다.
  김칫국이 끓고 있었다. → 김칫국이 '부글부글' 끓고 있었다.
- 다른 것에 빗대어 표현한다.
  내 심장이 뛰었다. → 내 심장은 요란하게 북을 치고 있었다.

point_ 2단계는

- ▶ 쓸거리가 늘어나면 무제공책으로 바꾸어준다.
- ▶ 날씨와 제목을 구체적으로 묘사하도록 지도한다.
- ▶ 정확한 문장부호의 사용을 지도한다.
- ▶ 대화글을 적절히 사용하도록 한다.
- ▶ 상황을 좀 더 자세히 표현할 수 있도록 지도한다.

3단계 다양한 서술 방법을 익히자

이제부터는 다양한 서술 방법을 활용하여 일기를 쓸 수 있도록 지도한다. 앞서 알아보았던 진술의 네 가지 방법을 응용해보자.

tip 진술의 네 가지 방법

- 서사 : 내가 겪거나 경험한 일은 시간의 흐름이나 일이 일어난 과정에 따라 쓴다.
- 설명 : 무언가를 소개하고 싶을 때는 이해하기 쉬운 말로 풀어서 쓴다.
- 묘사 : 자세히 알려주고 싶은 것이 있을 때 그림을 그리듯 생생하게 표현해본다.
- 논증 : 주장하고 싶은 내용은 이유와 까닭을 밝혀 논리적으로 쓴다.

글의 종류에도 변화를 주도록 지도한다.

⑩ 5월 29일 토요일

날씨 : 따뜻하다.

제목 : 시 〈벌써 6월?〉

4월이 지나갔다.

그리고 기나긴 5월 마저 지나간다.

이제는 매미와 산들바람이 불어오는

여름인가 보다.

봄이 지나간다…….

봄이 지나간다…… .

시간이 멈추었으면…… .

벌써 6월이다.

여름이다.

봄이 지나간다…… .

5학년 아이의 일기

동시로 쓴 일기이다. 시간의 흐름에 대한 아쉬움이 담겨 있다. 동시로 쓰고 보니 줄글로 썼을 때보다 아쉬움과 여운이 더 깊이 다가온다.

⑪ 10월 27일 목요일
제목 : ○○초교 알뜰시장 열리다

10월 27일 목요일, ○○초교가 알뜰시장을 개최하였습니다. 알뜰시장에는 여러 가지 옷들과 완구, 먹을거리 등을 팔았습니다. 1교시에는 1, 6학년이, 2교시에는 2, 5학년이, 3교시에는 3, 4학년이 알뜰시장 물품을 구매했습니다. 물품을 판매한 돈으로 불우이웃 돕기 성금으로 쓸 예정입니다. 서울 ○○초등학교 누리사랑방에 있는 '사진갤러리'에 알뜰시장에 관한 사진들이 나와 있습니다.

학생들은 싸우거나 다치는 등의 사고 없이 알뜰시장의 물품을 구입하였습니다. 알뜰시장에서 가장 많이 있는 것은 옷이었습니다.

학생들은 이번 알뜰시장을 통해 물품을 사고파는 것에 대해 더 알게 되었고 조금 더 가까워지게 되었습니다. 요즘 어머니들께서는 알뜰시장을 하지 않았으면

좋겠다고 바라고 계시는데, 불우이웃을 생각해서라도 알뜰시장을 계속 개최하도
록 응원해주시기 바랍니다.

6학년 아이의 일기

　　신문 기사의 형식으로 쓴 일기이다. 기사 형식의 일기는 사건을 객
관적으로 바라볼 수 있게 해준다. 기사 형식으로 일기를 쓸 때에는 육
하원칙을 고려하여 쓸 수 있도록 지도한다.

⑫ 6월 11일 토요일
날씨 : 무우~ 진장 더움. 그래도 내 마음은 맑음, 시원
제목 : 쿵푸팬더2

　　드디어! 오늘 기다리고 기다리던 '쿵푸팬더2'를 보았다. 그래서인지 들어갈
때 두근두근 거렸다. 카라멜팝콘과 콜라를 들고서……. 영화가 시작되기 전에
팝콘을 반이나 먹었다. 끝내는 너무 달았다. 어쨌든 왠지 3D안경을 쓰고 보아
더욱 좋았다.

　　쿵푸팬더2는 주인공 포의 출생의 비밀이 거의 대부분이었다. 거위인 포의 아
빠가 포를 입양했다. 나중에 포가 용의 전사가 된다는 예언을 듣고 포의 진짜 부
모가 포를 거위네 채소 가게에 두고 간 것이다. 결국 포는 나중에 악당 센을 물리
친다.

　　이상한 점은 영화가 끝날 때 포의 진짜 아버지가 나오는데 아무래도 3편을 예
고하는 것 같았다. 만약에 한다면 꼭 보고 싶다.

6학년 아이의 일기

감상문 형식의 일기이다. 이 형식의 글은 주로 책을 읽고 쓰는 경우가 많은데 그보다는 영화나 연극, 무용이나 미술과 같은 다양한 문화 공연을 관람하고 나서 쓰도록 지도한다. 독서감상문은 일기가 아니어도 쓸 기회가 많기 때문이다.

감상문 형식의 일기는 해당 작품의 설명과 감상을 중심으로 쓴다. 줄거리보다는 작품이 만들어진 배경과 함께 상연 장소, 시간, 관객의 수와 같은 공연 외적 내용도 적는다. 더불어 느낀 점과 함께 놀라웠던 점, 아쉬웠던 점 등도 적게 한다.

아침, 강화도로 반 친구들이랑 체험학습을 갔다. 나는 엄마가 싸주신 삼각김밥을 들고 학교에 갔다.

버스에 올랐다. 두 시간쯤 지나 도착을 하였다. 우리는 선사시대 움막을 보러 들어갔다. 그리고 역사관에 들러 유적들을 보았는데 좁고 사람들 소리 때문에 잘 볼 수 없었다. 이번엔 전등사로 출발! 들어가기 전에 맛있는 점심을 먹고 올라갔다. 조금 힘들었다. 그곳 지붕은 원숭이 같은 동물이 네 귀퉁이를 받치고 있었다. 벌써 백년이 넘게 받치고 있는데 조금 힘들지 않을까? 마지막으로 광성보를 갔다. 바람이 조금 세기는 했지만, 아~~~ 그곳의 풍경은 너무 너무 예뻤다. 돌아오며 우리는 신미양요 전사자 무덤에서 묵념을 하였다. 이렇게 아름다운 곳에서 전투를 하고 피를 보다니…… . 이런 곳에 원수를 만나도 화해하고 싶을 것 같은데…… . 돌아오는 길에 강사선생님이 낸 문제를 맞추면 선물을 주셨는데 나는 문제를 맞추고 성냥 모양 샤프를 받았다.

공부도 하고 선물도 받고……. 완전 즐거운 하루였다.

6학년 아이의 일기

기행문 형식의 일기이다. 가서 무엇을 보았고 어떤 것을 느꼈는지 잘 적었다. 특히 광성보 부근에서 느꼈던 '이렇게 아름다운 곳에서 전투를 하다니……. 이런 곳에서 원수를 만나면 화해하고 싶을 것'이라고 생각한 부분이 재미있다. 기행문은 간 곳(여정), 본 것(견문), 생각하고 느낀 것(감상)으로 나뉘는데 일기에도 이런 요소가 잘 들어가도록 지도하자.

⑭ 11월 27일 화요일

제목 : 이 일기장에게…….

일기장, 이제 너의 이름은 일돌이야. 그러니까 이제부터 너에게 오늘 있었던 일을 말해줄게.

오늘은 학교에서 선생님께 혼이 났어. 순이에게 장난을 쳐서……. 도대체 이런 장난끼는 어디에서 나올까? 나는 모둠 아이들과 면담자를 선정하기로 했어. 그런데 순이와 철수가 시간이 없어 면담을 할 수 없다는 거야. 정말 짜증이 났어. 벌써 면담자와 두 번이나 약속을 바꾸었는데……. 어떻게 해야 모둠 친구들과 화합할 수 있을까?

일돌아, 네가 좋은 아이디어를 줘. 내일은 제발 친구들이 화합하면 좋겠어.

6학년 아이의 일기

일기는 편지 형식으로도 쓸 수 있다. 위 일기는 아마도 『안네의 일기』를 흉내 낸 것 같다. 늘 만나는 가족이나 친구, 선생님과 같은 주위 사람들에게 쓰는 편지도 좋지만 안네처럼 일기장에 이름을 지어 일기장과 대화하듯, 편지하듯 쓰는 일기도 신선함을 준다.

⑮ 1월 4일 월요일
날씨 : 춥다.
제목 : 앞으로 미래는 어떻게 될까?

　나는 앞으로 미래가 안 좋아질 것 같다. 왜냐하면 지구온난화가 일어나기 때문이다. 대한민국 부산의 바닷가에 물이 차오르기 때문이다. 나중에 2100년에는 대한민국이 물로 가득 찰지도 모른다. 하지만 내가 죽고 난 뒤이니까 괜찮다. 하지만 대한민국이 불쌍하다. 우리들이 살 수 있게 땅이 되었는데 물이 되니까 불쌍하다.

　사람들은 둘 중에 골라야 한다. 첫째, 지구온난화를 계속 일으킬 것인가? 둘째, 깨끗하게 지구를 지켜 지구온난화를 막을 것인가?

3학년 아이의 일기

지구온난화로 미래에 희망이 보이지 않는다는 내용의 일기이다. 논리성은 떨어지지만 아이의 걱정과 고민이 담겨 있다. 논증의 형태를 띠고 있지만 미래의 모습을 상상한 글이다. '내 미래의 모습은?,' '내가 할머니가 된다면?,' '내가 우주에 간다면?,' '내가 남자로 태어났다면?'과 같이 다양한 주제로 쓸 수 있다.

　이세상을 살다 보면 사람들은 욕을 밥 먹듯이 한다. 어떤 사람은 욕을 멋이라고 생각하고, 어떤 사람은 욕을 하면 인기가 많아진다고 생각한다. 하지만 욕은 결코 좋지 않다. 욕을 하게 되면 듣는 사람이 기분 바쁠 수도 있고, 후배들이 배워서 따라할 수도 있다. 그 후배는 선배가 된 후에 다시 후배에게 욕을 할 수도 있기 때문에 욕은 정말 좋지 않다.

　욕은 원래 다른 사람 앞에서 하는 것이 아닌, 아무도 없을 때(나 혼자 있을 때) 사용하는 것이다. 화풀이용으로 말이다. 지금 이 순간 사람들이 욕을 하지 않는다면 세상은 고운 말로 더욱더 발전할 것이다.

5학년 아이의 일기

　주장의 형식을 띤 일기이다. 욕을 하는 이유와 결과에 대해 나름의 논리를 펼치고 있다. 일기는 논술문이 아니기 때문에 자신의 논리를 앞세워 서술할 필요는 없다. 경험이나 생각, 추측 등을 자유롭게 적으며 생각의 폭을 넓히는 것도 좋은 방법이다.

5학년 아이의 일기

강아지와 산책을 갔다가 큰 개를 만난 내용을 만화로 표현한 일기이다. 전봇대에 오줌을 누는 강아지와 허둥지둥 도망치는 모습, 집에 돌아와 쉬는 모습까지 단순한 사건을 재치있게 묘사했다. 이처럼 만화로 일기를 쓰게 되면 섬세한 관찰능력과 순발력을 키울 수 있다. 일기 쓰기가 지겨울 때 가끔씩 만화로 꾸미도록 지도하자.

point_ 3단계는

▶ 진술의 네 가지 방법을 활용해 일기를 써본다.

▶ 글의 형식을 달리해 일기를 써본다.

- 동시 형식으로 쓰기 : 그날의 감성이 시로 압축되어 긴장감을 준다.
- 기사 형식으로 쓰기 : 사건을 객관적으로 바라볼 수 있게 해준다.
- 감상문 형식으로 쓰기 : 다양한 작품을 감상하고 평가할 수 있는 안목이 생긴다.
- 기행문 형식으로 쓰기 : 여행의 기록과 감상을 생동감 있게 남길 수 있다.
- 상상 형식으로 쓰기 : 상상력과 창의력을 자라게 해준다.
- 논술 형식으로 쓰기 : 논리적으로 생각하는 힘이 생긴다.
- 만화 형식으로 쓰기 : 순발력과 재치, 상징을 읽는 힘이 생긴다.

생활문은 아이들이 쓰는 수필

"선생님, 생활문이 뭐예요?"

생활문을 쓰자고 하면 아이들은 으레 이렇게 묻는다. 어른이라면 그냥 수필이라고 하거나 일기처럼 쓰는 자신의 이야기라고 하면 이해를 하지만, 아이들에게는 통하지 않는다. 일기를 쓰는 아이들에게는 이러한 설명이 오히려 혼란을 줄 수 있다.

❶ 지난번에 캠핑을 갔다. 거기서 감기에 걸렸다. 나는 병원에서 약을 받아서 먹었다. 학교도 못 갔다. 나는 감기가 빨리 낫지 않았다. 8일 동안 학교를 못 갔다. 계속 집에만 있으니 지루하다. 근데 오빠는 내 마음도 모르고 나보고 부럽다고 한다. 내일은 꼭 학교 가고 싶다.

❷ "와, 학교 끝나고 바로 캠핑이다!"

우리 가족은 지난번에 통나무집으로 캠핑을 갔다. 난 학교가 끝나자마자 학원도 안 가고 놀러가서 너무 좋았다. 그런데 밤에 갑자기 내가 열이 펄펄 끓었다. 엄마랑 아빠는 놀라서 더 놀지 않고 병원에 갔다. 의사선생님은 독감에 걸렸다고 하셨다. 나는 약을 받아서 집에 돌아왔다. 놀지도 못하고…….

나는 돌아와서도 계속 아팠다. 결국 학교를 못 갔다. 침대에만 계속 누워있었다. 나는 하루가 지나면 나을 거라고 생각했다. 하루가 지나고, 또 하루가 지나고, 또 하루가 지나서 8일 동안 아팠다. 아주아주 지루하고 재미없었다. 나는 안 아파서 학교에 갈 수 있는 오빠가 부러웠다. 그런데 오빠는

"야! 너 좋겠다. 학교도 안 가고……."

오빠는 내 마음을 몰라주어서 미웠다. 난 엄마가 고마웠다. 아픈 나를 8일 동안이나 간호해주셨기 때문이다. 엄마 덕분에 내가 그래도 독감인데 빨리 나은 거다.

드디어 학교에 가는 날! 학교에 가는 아침이 꼭 1학년이 되어 입학식 하는 날 같았다. 나는 신나게 학교로 갔다. 친구들도 만나고 다시 공부도 할 수 있었다. 아, 그동안 학교가 왜 지겨웠을까? 아픈 거보다 학교 가는 게 100번은 더 좋다.

①번과 ②번 모두 초등학교 3학년 한 아이가 쓴 글이고 내용도 다르지 않다. 하지만 ①번은 대충 쓴 일기 같고, ②번은 일기를 자세히 쓴 일기 같다. 그런데 완성도 면에서 차이가 있다. ②번은 어른이 쓴 것처럼 완성도가 높다. 어떻게 ①번 글을 쓴 아이가 ②번 글도 쓸 수 있었을까? 대체 무슨 일이 일어난 것일까?

그 비밀은 어떤 종류의 글을 쓰느냐에 있다. ①번은 일기이고, ②번

은 생활문이다. 일기인 ①번 글의 글감을 이용하여 생활문을 썼더니, ②번 글이 되었다.

이처럼 생활문은 일기처럼 자신이 직접 겪거나 생각한 일을 쓴 글이다. 실제로 경험하고 생각한 일이라면 무엇이든 글감이 될 수 있다. 위의 글도 독감에 걸린 경험을 글감으로 사용했다. 생활문도 일기처럼 형식적인 면에서 자유롭다. 일기처럼 자기 고백적인 글도 좋고, 편지처럼 대화하듯 적어도 좋고, 기행문처럼 여행의 과정과 느낌을 적어도 좋다. 또 자기주장을 담은 논증적인 글이나 비평의 글, 정보와 지식을 담은 관찰문도 좋다. 자신이 경험하고 생각한 일이라면 어떤 형식의 글이든 생활문이 될 수 있다.

생활문은 말 그대로 '생활 속에서 겪은 일을 글로 적은 것'이다. 수필에 '아이들이 쓰는'이란 말을 덧붙이면 얼추 생활문의 뜻이 된다.

그럼, 생활문과 일기는 어떤 차이가 있을까?

첫째, 일기는 그날의 일을 적어야 한다는 의미에서 시간적 제약이 있지만 생활문은 시간적 제약이 없다. ①번은 독감이 거의 나아가는 어느 하루에 쓴 글이고, ②번은 독감에 걸렸을 때부터 낫기까지의 과정을 쓰고 있다. 그래서 ①번만 읽어서는 알 수 없었던 일들을 ②번에서는 자세히 알 수 있다.

둘째, 일기는 비공개가 원칙이지만 생활문은 공개를 염두에 두고 쓴다. 남에게 글을 공개하려면 내 멋대로 쓸 수 없다. 독자가 쉽게 이해할 수 있도록 글을 구성해야 한다. ①번은 독자에 대한 고려 없이 쓴 일기이지만, ②번은 독자가 이해하기 쉽게 자세히 설명한 생활문이다. 그래서 ②번은 한 편의 완결된 이야기 구조를 갖추고 있다.

셋째, 일기는 자신에게 일어난 일을 자유롭게 기록하지만 생활문은 쓰는 목적과 이유가 분명한 글이므로 '중심생각'이 담겨 있어야 한다. 중심생각은 곧 주제이다. ①번은 '나에게 이런 일이 있었다'에 초점이 맞추어져 있는 반면, ②번은 이 일로 인해 깨달은 바가 무엇인지 드러내고 있다. 아이는 생활문을 통해 '그동안 학교가 왜 싫었는지 모르겠다는 것,' '아픈 것보다 학교에 가는 것이 더 행복하다'는 것을 깨닫는다. 일기는 주제를 정하지 않고 자유롭게 자신의 삶을 기록하는 글이다. 반면 생활문은 주제를 전달하기 위해 쓰는 글이다. 어른들이 "학교 갈 때가 좋은 때다"라고 말하면 쉽게 공감이 가지 않지만 ②번 글을 읽어보면 '그래, 아픈 것보다는 학교에 가는 게 낫지' 하는 생각이 들게 된다. 글쓴이의 경험이 공감을 끌어내기 때문이다.

넷째, 일기는 꼭 완결된 형태의 구조를 갖출 필요가 없지만 생활문은 '짜임새'를 갖춘 완결된 글이다. ①번은 완성된 글이라고 하기에는 부족함이 많다. 반면 ②번은 짧지만 하나의 글로서 완결성을 갖추고 있다. 따라서 일기를 생활문으로 바꾸려면 주제를 어떻게 배열하고 전개할 것인지 생각해야 한다. 이렇게 개요를 짠 뒤에 글을 썼기 때문에 ②번 글은 일관성 있는 이야기가 이어졌다.

다섯째, 생활문은 글쓴이의 개성이 뚜렷하게 드러나는 글이다. 생활문은 글쓴이의 관점, 개성, 문체와 표현법 등이 그대로 드러난다. 평범한 ①번 글이 ②번처럼 바뀐 데에는 글쓴이의 개성과 느낌을 담았기 때문이다.

산만하고 일관성 없는 일기에 통일성과 개연성을 부여하고, 주제의식을 불어넣으면 생활문이 된다.

- 실제로 겪거나 생각한 일을 쓴다.
- 형식이나 시간적 제약이 없다.
- 공개할 것을 염두에 두고 쓴다.
- 글을 쓴 목적과 이유가 있다.
- 주제가 담긴 글이다.
- 짜임새를 갖춘 완결된 글이다.
- 개성이 뚜렷하게 드러난다.

생활문 쓰기에서 얻는 학습 효과

초등학교에서는 정식으로 생활문을 배우지 않는다. 중학생이 되어야 수필을 배운다. 그런데 초등학생에게도 생활문 공부는 필요하다. 초등학교에서 여는 백일장, 문예대회, 글짓기대회는 모두 생활문을 쓰는 대회이다.

생활문을 쓰면 어떤 학습 효과가 있을까?

첫째, 산만한 글에 기둥이 생겨 완결된 글을 쓸 수 있게 된다. 들쑥

날쑥 산만한 글을 깔끔하게 정리하는 동안 논리력이 생긴다.

둘째, 자꾸 바뀌는 이야기에 일관성을 준다. 이것저것 마구 쓰고, 이랬다저랬다 중심 없던 이야기에 흐름을 잡아주는 능력이 생긴다.

셋째, 알맹이 없는 글에 의미(주제)를 부여한다. 무엇을 말하려는지 알지 못하던 재미없는 글에 생명력을 불어넣는 방법을 알게 된다.

넷째, 딱딱하고 건조한 글을 섬세하고 부드럽게 바꾸는 능력이 생긴다. 사실과 설명이 주를 이루던 글에 활력을 불어넣는다.

다섯째, 평범한 일상을 새롭게 보고 관찰하는 힘이 생긴다. 흔한 소재이지만 자신의 깨달음을 얹어 글을 쓰니 일상이 모두 문학이 된다.

여섯째, 자신의 문제를 한 발짝 뒤로 물러나 바라볼 수 있게 해준다. 솔직한 마음을 드러내어 자기 정화의 기회를 갖게 해준다.

아이가 일기 쓰기에 익숙해지면, 생활문을 쓸 수 있도록 지도하자. 모든 글쓰기의 시작은 일기이지만, 일기를 문학으로 완성하는 것은 생활문이다. 생활문은 일상의 이야기를 문학으로 바꾸는 글쓰기이다.

주제만큼 중요한 것이 진심

어떻게 해야 일상의 이야기를 문학적인 생활문으로 발전시킬까?

문학적인 생활문이라는 표현은 어렵게 들리겠지만, 이는 '생각을 온전히 담은 완결성 있는 글을 쓴다'는 뜻이다.

우선 이야기 거리가 될 수 있는 글감을 정하자. 그리고 왜 다른 사람에게 그 이야기를 들려주고 싶은지 생각하게 하자. 동생과 다툰 다음 느낀 생각이나 여행의 추억, 재미있는 경험을 통해 알게 된 것들이 바로 글감이다. 이렇게 경험한 것을 글로 쓰고 싶을 때에는 반드시 이유가 있다. 그 이유가 바로 이야기의 중심생각, 주제가 된다는 것을 알게 한다. 생활문은 바로 이 주제를 드러내려고 쓰는 글이기 때문이다.

물론 아이의 생활문은 어른이 쓰는 수필만큼 깊이 있는 주제를 담아낼 수 없다. 이제 막 글쓰기를 배운 아이에게 인생 철학이나 삶의 지혜를 요구할 수는 없다. 그러므로 아이의 경험 중에서 '다른 사람에게 들려주고 싶은 이야기' 정도를 글감으로 정하는 게 중요하다. 아이가 일상에서 느끼고 생각한 것이면 주제로 충분하다.

이렇게 주제가 정해지면, 거기에 알맞은 이야기를 배치하도록 한다. 그저 사실을 나열하거나 기록하는 것이 아니다. 어떻게 이야기를 시작하고 전개하며, 어떤 깨달음을 얻었는지, 이야기의 흐름에 따라 설계도를 짜도록 한다.

끝으로 개성 있는 목소리와 색으로 자신의 이야기를 진솔하게 쓰도록 지도하자. 어른의 수필은 주제에 따라 가치를 평가하지만, 아이들의 생활문은 글 속에 얼마나 진심을 담았느냐가 중요하다. 주제를 정하는 일 못지않게 솔직한 마음을 담는 게 중요하다는 것을 알려주자. 글에 진심이 담겨야 읽는 이의 공감을 얻을 수 있기 때문이다.

사건 쓰기에서 생각 쓰기로

주제를 이끌어내는 대화법

아이들에게 생활문을 쓰라면 '글감 찾기'를 고민한다. 매일 똑같은 일상에서 신선한 글감을 찾는 일이 쉽지 않다. 생활문 쓰기를 돕는 지도서에는 '가정에서 글감 찾기,' '학교에서 글감 찾기,' '여행으로 글감 찾기' 등 글감 찾는 방법들이 가득하다. 그런데 이런 방법으로 글감을 찾으면 생활문의 가장 큰 특징인 개성 있는 글을 쓰기가 어렵다.

저녁 시간이 되면 주부들은 '오늘 저녁에는 뭘 해먹지?' 하며 걱정한다. 냉장고 속 재료들이 늘 똑같기 때문이다. 하지만 요리 방법을 바꿔보면 똑같은 재료로도 새로운 요리를 만들 수 있다. 감자 하나만으로도 조리거나 볶거나 튀기거나 국을 끓이면 다른 요리로 변신한다. 요리 실력은 한 가지 재료로 여러 가지 요리를 만들 수 있을 때 생기는 것이지 새롭고 특이한 재료를 사용할 때 생기는 것이 아니다.

아이들의 글도 마찬가지이다. 동생과 다툰 이야기는 일기로도, 동시로도, 편지로도, 생활문으로도, 주장하는 글로도 쓸 수 있다. 글쓰기 실력은 같은 글감을 여러 형식의 글로 쓸 수 있을 때 향상된다. 중요한 건 글감이 아니라 글에 담긴 주제이다. '동생'이라는 글감 하나로 '동생의 소중함'이나 '동생에 대한 책임감,' '동생이 있어서 생기는 불편함' 등 다양한 주제로 여러 가지 생활문을 쓸 수 있다.

글감에 대한 고민은 아이의 일기장으로 해결하는 것이 가장 좋다. 자신이 쓴 일기에서 글감을 찾게 하자. 아이가 글감을 정하면, 어떤 주제를 담을지 이야기를 나누어본다. 왜 그 이야기를 글감으로 정했는지, 사람들에게 어떤 이야기를 들려주고 싶은지 대화를 통해 알아보는 것이다.

point_ 생활문의 주제를 정하는 대화 방법

▶ 일기장에서 기억에 남는 사건이나 재미있는 일기를 찾는다.
▶ 쓰고 싶은 이야기를 정했다면 왜 그 이야기를 하고 싶은지 대화를 나눈다.

교사 : 어떤 이야기를 골랐어?
아이 : 지난번에 캠핑 간 거요.
교사 : 재미있었겠다. 무슨 일이 있었는데?
아이 : 별로 재미없었어요. 많이 아팠거든요.
교사 : 이런……. 그럼 놀지도 못했겠네?
아이 : 네……. 독감에 걸려서 나중에 학교도 못 가고 엄청나게 힘들었어요.
교사 : 그랬구나.

아이 : 8일 동안이나 학교에 못 갔어요.
교사 : 그래, 정말 많이 아팠구나. 진짜 방학 같았겠는걸?
아이 : 방학은 좋죠. 계속 누워 있으니까 지루했어요.
교사 : 그래도 학교 안 가니까 좋았을 것 같은데?
아이 : 아뇨! 차라리 학교 가는 게 나아요. 나중에는 약도 토할 것
　　　같았어요.
교사 : 와, 그럼 아프길 잘 한 건가? 학교가 좋아졌으니…….
아이 : 그건 아니지만……. 아픈 것보다는 학교 가는 게 나아요.
교사 : 그럼 아프기 전에는 어땠는데?
아이 : 당연히 학교 가기 싫었죠.
교사 : 그럼 우리 그 이야기를 생활문으로 써보자.
　　　아프기 전과 아프고 난 후, 학교에 대한 생각들…….

앞에서 예로 들었던 아이의 일기를 생활문으로 바꾸면서 나눈 대화이다. 일기를 생활문으로 바꾸려면 부모도 이런 방식으로 대화를 이끌어야 한다. '아픈 것보다 학교에 가는 게 낫다'는 주제의 생활문은 이렇게 해서 만들어진다.

아이가 일상 속에서 스스로 어떤 깨달음을 얻기란 쉽지 않다. 부모는 아이의 생각을 열어주는 대화법을 배워야 한다. 당시에는 아이가 미처 의식하지 못했던 생각도 대화를 통해 끌어낼 수 있다. 그런데 생활문은 반드시 교훈이 들어가야 하는 글이 아니다. 억지로 교훈을 끌어낼 필요는 없다. 진솔한 자기 고백만으로도 생활문의 가치는 충분하다.

생활문 쓰기 클리닉

1단계 3단 구성으로 개요 짜기

1단계의 아이는 일기장에서 글감을 찾도록 지도한다. 그리고 대화를 통해 글 속에 어떤 주제를 담을지 정한다. 주제가 정해지면 어떻게 이야기를 전개할지 구성을 짜보게 한다. 보통 성인들이 쓰는 수필은 기, 승, 전, 결의 4단 구성이지만, 생활문은 처음, 가운데, 끝의 3단 구성이 알맞다.

tip 구성이란?

- 글의 뼈대를 이르는 말로 이야기를 어떻게 배열할지 순서를 정하는 것이다.
- 구성은 글의 설계도를 그리는 것이다.
- 글의 뼈대를 배열하고 설계도를 그리는 것을 '개요 짜기'라고 한다.
- 같은 이야기도 어떻게 개요를 짜느냐에 따라 글의 성격이 달라진다.
- 개요를 짜서 글을 쓰면 주제를 효과적으로 전달할 수 있다.
- 개요를 짜서 글을 쓰면 쓰려고 했던 내용을 빠짐없이 쓸 수 있고, 필요 없는 내용을 첨가하지 않는다.
- 개요를 짜서 글을 쓰면 글에 통일성과 일관성이 생긴다.

`tip` 구성의 단계

- 2단 구성 : 비교적 짧은 글에 쓰이는 방식이다.
  - 인과적 구성 : 원인과 결과를 문단으로 나타내는 방식이다.
  - 연역적 구성 : 주제를 먼저 제시하고 이유를 밝히는 방식이다.
  - 귀납적 구성 : 구체적 사례를 들고 나중에 주제를 밝히는 방식이다.
- 3단 구성 : 세 개의 큰 단락으로 이루어진 구성으로 가장 기본적인 방식이다.
  - 생활문 : 처음, 가운데, 끝
  - 편지 : 서두, 본문, 결미
  - 설명문 : 머리말, 본문, 맺음말
  - 논술문 : 서론, 본론, 결론
- 4단 구성 : 한문시의 기승전결(起承轉結)에서 유래한 방식으로 3단 구성에서 가운데 부분이나 본문이 늘어난 형태를 말한다.
  - 논술문 : 기, 승, 전, 결
  - 동화 : 발단, 전개, 절정, 결말
- 5단 구성 : 가장 복잡한 구조의 방식이다.
  - 소설 : 발단, 전개, 위기, 절정, 결말
  - 희곡 : 발단, 전개, 절정, 하강, 대단원

3단 구성의 생활문은 처음 부분이 매우 중요하다. 이야기의 시작을 어떻게 하느냐에 따라 글의 분위기가 달라지므로 읽는 이의 호기심을 강하게 끌 수도 있고, 아닐 수도 있다. 가운데 부분은 이야기의 중심인 사건의 진행 과정이며, 끝부분은 이 이야기를 통해 전하고 싶은 가치나 깨달음을 적게 한다.

▶ 일기의 내용을 간단하게 정리하여 본다.

▶ 간단한 일기의 내용
캠핑 갔다. → 열이 났다. → 더 놀지 못했다.
→ 병원에 갔다. → 계속 아팠다. → 학교에 갈 수 없었다.
→ 8일 동안 누워 있었다. → 오빠가 부러웠다.
→ 엄마가 간호해주셨다. → 다 나아 학교에 갔다.
→ 기분이 좋았다.

▶ 위 내용을 3단 구성에 맞게 배열해 개요를 짠다.
처음: 캠핑 갔는데 밤에 열이 난 이야기
가운데: 8일 동안 아픈 이야기
학교 가는 오빠가 부러워한 이야기
엄마의 간호로 나았던 이야기
끝: 학교 갈 때의 기분과 깨달은 점

이렇게 설계도를 그렸다면, 이 설계도에 맞추어 집을 짓는 과정이 남아 있다. 바로 글쓰기이다. 글쓰기는 뼈대에 살을 붙이는 과정으로, 이야기를 자세하게 묘사하는 게 가장 중요하다. 특히 강조하고 싶은 부분은 대화글로 처리한다.

○ point 2_ 개요표에 맞추어 내용 쓰기

▶일기의 내용을 자세하게 표현하고, 이야기를 첨가해 글을 쓴다.

처음 : ① 캠핑 갔는데 밤에 열이 난 이야기

지난번에 캠핑을 갔다. 거기서 감기에 걸렸다. 나는 병원에서 약을 받아서 먹었다. 학교도 못 갔다.(일기)

캠핑 가는 날 기분이 어떠했는지(아주 신이 났다), 왜 그랬는지 이유를 생각해보고(학교 끝나자마자 가서 학원을 안 가도 되었다) 대화글로 시작해본다. 아팠다면 어떤 증상이 나타났는지도(열이 펄펄 끓었다) 자세히 써본다.

"와, 학교 끝나고 바로 캠핑이다!"
우리 가족은 지난번에 통나무집으로 캠핑을 갔다. 난 학교가 끝나자마자 학원도 안 가고 놀러가서 너무 좋았다. 그런데 밤에 갑자기 내가 열이 펄펄 끓었다. 엄마랑 아빠는 놀라서 더 놀지 않고 병원에 갔다. 의사선생님은 독감에 걸렸다고 하셨다. 나는 약을 받아서 집에 돌아왔다. 놀지도 못하고…….

가운데: ② 8일 동안 아픈 이야기

나는 감기가 빨리 낫지 않았다. 8일 동안 학교를 못 갔다. 계속 집에만 있으니 지루하다. (일기)

아파서 학교에 못 갔다면 무엇을 하며(침대에만 계속 누워 있었다) 지냈고, 8일 동안 어떤 기분이었나(아주아주 지루하고 재미없었다) 생각해본다.

나는 돌아와서도 계속 아팠다. 결국 학교를 못 갔다. 침대에만 계속 누워 있었다. 나는 하루가 지나면 나을 거라고 생각했다. 하루가 지나고, 또 하루가 지나고, 또 하루가 지나서 8일 동안 아팠다. 아주아주 지루하고 재미없었다.

③ 학교 가는 오빠가 부러워한 이야기

(일기)

오빠가 왜 부러웠고(안 아파서), 오빠는 어떤 말을 했고(야, 너 좋겠다. 학교도 안 가고) 기분이 어떠했는지 적어본다.

나는 안 아파서 학교에 갈 수 있는 오빠가 부러웠다. 그런데 오빠는
"야, 너 좋겠다. 학교도 안 가고……."
오빠는 내 마음을 몰라주어서 미웠다.

④ 엄마의 간호로 나을 수 있었던 이야기
일기장에는 없는 일이지만 사건을 자세하게 표현하기 위해 내용을 덧붙여도 좋다.

난 엄마가 고마웠다. 아픈 나를 8일 동안이나 간호해주셨기 때문이다. 엄마 덕분에 내가 그래도 독감인데 빨리 나은 거다.

끝 : ⑤ 학교 갈 때의 기분과 깨달은 점

내일은 꼭 학교 가고 싶다.(일기)

다시 학교에 갈 때는 어떤 기분이었나(꼭 1학년이 되어 입학식 하는 날 같았다) 생각해보고 무엇을 했는지도(친구들도 만나고 다시 공부도 할 수 있었다) 써본다.

> 드디어 학교에 가는 날!
> 학교에 가는 아침이 꼭 1학년이 되어 입학식 하는 날 같았다. 나는 신나게 학교로 갔다. 친구들도 만나고 다시 공부도 할 수 있었다.
> 아, 그동안 학교가 왜 지겨웠을까? 아픈 거보다 학교 가는 게 100번은 더 좋다.

이렇게 생활문 쓰기를 끝내고 난 뒤에는 글을 꼼꼼하게 살펴본다. 틀린 글자는 없는지, 문장은 매끄러운지, 표현은 적절한지, 주제는 잘 전달되는지 확인하게 한다.

2단계　문장은 짧게, 표현은 구체적으로

생활문은 글감과 내용에 따라 완성도가 달라진다. 하지만 아이가 쓸 수 있는 글감이나 내용에는 분명히 한계가 있다. 따라서 2단계의 아이에게는 다양하고 섬세한 표현법을 알려주어 개성적인 글을 쓰게 한다. 글쓰기의 과정은 1단계와 같지만, 글쓰기의 방식을 조금 달리하여 변화를 주어보자. 글감이나 주제가 평범해도 어떤 문장과 표현법을 쓰느냐에 따라 글의 가치가 달라진다.

첫머리로 글의 분위기를 만든다

❶ 대화로 시작해본다.

사람이 직접 말한 것을 그대로 옮겨 적는 대화글로 시작한다. 대화
글은 독자가 바로 사건 현장에 와 있는 듯한 효과를 준다.

“와, 학교 끝나고 바로 캠핑이다!”
우리 가족은 지난번에 통나무집으로 캠핑을 갔다. 난 학교가 끝나자마자 학원
도 안 가고 놀러가서 너무 좋았다.

대화글로 시작하자 캠핑을 가는 아이의 들뜬 마음이 그대로 전해진
다. 읽는 사람도 덩달아 감정이입이 된다.

❷ 배경으로 시작해본다.

캠핑을 떠나기 위해 준비하는 과정부터 시작하는 것이다.

거실은 캠핑 도구들과 짐으로 가득했다. 바로 우리 가족이 캠핑을 떠나는 날이
기 때문이다. 우리가족은 통나무집으로 캠핑을 갔다. 난 학교가 끝나자마자 학원
도 안 가고 놀러가서 너무 좋았다.

배경 묘사로 시작한 글은 독자에게 이야기의 분위기를 짐작할 수 있게 해준다.

❸ 속담이나 인용으로 시작해본다.

'마른하늘에 날벼락'이란 이럴 때 쓰는 말이 아닐까?

우리 가족은 지난번에 통나무집으로 캠핑을 갔다. 난 학교가 끝나자마자 학원도 안 가고 놀러가서 너무 좋았다. 밤에 갑자기 내가 열이 펄펄 끓었다. 엄마랑 아빠는 놀라서 더 놀지 않고 병원에 갔다.

속담이나 인용으로 시작한 글은 사건의 실마리를 제공하여 호기심을 강하게 자극한다. 즐겁게 떠난 캠핑을 독감으로 망쳤으니 아이에게는 '마른하늘에 날벼락'이 떨어진 게 아니고 무엇일까? 독자는 '도대체 무슨 일이 있었기에 마른하늘에 날벼락이 떨어졌다고 하지?'라는 궁금증으로 글을 읽게 된다.

❹ 시간으로 시작해본다.

지난 금요일, 가족캠핑 때의 일이었다. 난 학교가 끝나자마자 집으로 달려갔다. 학원도 안 가고 놀러가서 너무 좋았다.

시간으로 시작한 글은 사건이 곧바로 시작됨을 의미하기 때문에 긴장감을 준다. 읽는 이에게 생각할 시간을 주지 않는 이러한 시작은 흡입력이 강하다. 반면, 이후 이어지는 사건의 전개가 빨라야 독자의 관심을 유지할 수 있다는 단점이 있다.

지금까지 살펴본 첫머리 쓰는 방법들은 흔한 예에 불과하다. 반드시 이러한 방법들을 똑같이 따라 해야 하는 것은 아니다. 누구나 이와 같은 방법으로 글을 시작한다면, 개성이 가장 중요한 생활문의 특징이 사라질 것이다. 다만, 처음을 어떻게 시작하느냐에 따라 글의 분위기와 느낌이 달라지므로 첫머리가 매우 중요하다는 사실을 알려주자.

좋은 글감과 주제를 정했다고 해서 글이 저절로 써지지는 않는다. 첫머리를 잘 시작해야 나머지 글을 쓸 수 있는 힘이 생긴다. 이야기의 시작을 어떻게 할지, 아이와 충분히 이야기를 나누어보자.

진심이 담긴 문장을 짧고 생생하게

나는 너무 일찍 태어난 것 같다. 한 100년 쯤 뒤에 태어났다면 지금 보다는 행복하지 않을까?

나는 요즘 행복하지 않다. 개학을 해서이다. 나는 집에 가고 싶다. 집에서는 컴퓨터하고 TV도 보고 내 맘대로 한다. 학교에 있으면 그럴 수가 없다. 나는 40분 내내 의자에 붙어 있는 것이 싫다. 내가 하고 싶은 대로 하고 싶다. 학교가 없어졌으면 좋겠다. 그렇다면 지금쯤 집에서 TV를 보고 있을 텐데…….

그럼 공부는 안 하냐고? 물론 공부는 해야 한다. 공부를 안 한다는 게 아니다. 지루한 학교보다는 무언가 할 수 있는 집이 좋다. 집에서는 내 마음대로 할 수 있어서 좋다. 그런데 학교에서는 그러지 못한다.

22세기 아이들은 다를 것이다. 집에서 온라인 타블릿 PC 등으로 수업을 할 거다. 자기가 공부하고 싶은 걸 마음대로 할 거다. 우리처럼 감옥에서 공부하는 느낌은 안 들 거다.

만약 100년만 늦게 태어났다면……. 나는 지금보다 행복했을 거다.

개학날 일기에서 글감을 가져온 5학년 아이의 생활문이다. '개학날, 지루한 학교가 빨리 끝나 집에 가고 싶다'는 일기에 생활문적 요소를 넣어 한 편의 글로 완성한 것이다. '40분 내내 앉아 있는' 학교생활이 '감옥'처럼 느껴지는 아이는 TV라도 켜고 끌 수 있는 능동적인 활동을 할 수 있는 집이 좋다고 말한다.

아이들이라면 누구나 경험하는 글감과 내용인데도 잘 쓴 느낌이 드는 이유는 문장이 짧고 분명하기 때문이다. 또 매끄러운 문장은 아니지만 자신의 마음을 솔직하게 잘 드러냈다. 자신의 마음을 자세히 들여다보고 쓴 글이기 때문이다. 아이에게 '40분 동안 묶여' 있는 '감옥' 같은 학교가 싫은 건 당연하다. 참으로 안타까운 내용이지만 글은 생생하게 살아 있다.

이처럼 살아 있는 문장은 진심에서 나온다. 그것이 왜 싫은지, 왜 좋은지 아이에게 자신의 마음을 자세히 들여다보게 해야 한다. 그런데 요즘 아이들은 이유를 묻는 질문에 '그냥'이라고 답하는 경우가 많다. 이 세상에 그냥 싫거나 좋은 건 없다. 하지만 그 이유가 무엇인지 생각해보는 아이들이 별로 없다. 자신의 마음을 자세히 들여다보는 훈련을 받지 않았기 때문이다. 글이 솔직해지려면 마음을 자세히 들여다보는 연습을 하게 한다.

그리고 짧은 문장이 살아 있는 글을 만든다. 문장이 짧으면 말하는 내용을 정확하게 전달할 수 있다. 긴 문장은 그 의미가 금세 전달되지 않아 독자의 이해력을 떨어뜨린다.

마지막으로, 구체적으로 써야 글이 생생해진다. '학교는 지루하다'보다 '학교는 감옥 같다'라는 표현이 더 구체적이며, 더 생생하게 다가온다.

point_ 생활문의 문장 연습

▶ 첫머리는 글의 얼굴이다. 시작을 잘해야 아이는 나머지 글을 쓸 수 있는 힘이 생긴다. 독자도 첫머리에 따라 계속 글을 읽을지 말지 결정한다.

- 대화로 시작하기 : 글의 현장성이 돋보인다.
- 배경으로 시작하기 : 글의 분위기를 알려준다.
- 속담이나 인용으로 시작하기 : 사건의 실마리를 제공한다.
- 시간으로 시작하기 : 글에 긴장감을 준다.

> ▶ 글의 개성은 살아 있는 문장에서 시작된다.
> · 솔직하고 진실하게 쓴다.
> · 짧은 문장으로 쓴다.
> · 구체적으로 쓴다.

3단계   사건이 아니라 생각을 쓰는 단계로

스티커

내가 유난히 수집하고 모으는 게 있는데 그건 바로 스티커이다. 스티커를 보면 언제나 눈이 반짝인다. 엄마는 이것이 진정한 돈 낭비라고 하신다. 엄마 친구가 중학생 때 스티커에 빠져 스티커를 모았는데 아까워서 못 썼다고 한다. 쓰지 못할 거 돈 주고 사니 그게 낭비라고 하신다. 만약에 스티커를 다 못 쓰고 남아 있으면 미래의 내 아이에게 물려주면 되지?

나는 스티커를 모으면 부자가 된 느낌이 든다. 그래서 문구점에 갈 때는 꼭 한 번씩 둘러보게 된다. 그러다 마음에 드는 스티커를 볼 땐……. 항상 돈이 부족하다. 이럴 땐 정말 스티커를 훔칠 수도 있을 것 같다. (내가 왜 이런 생각을 하고 있는 거지?) 하지만 난 스티커 중독은 아니니까 정말로 그러지는 않는다. 갖고 싶은 스티커를 문구점에 두고 오는 내 발은 돌멩이를 매단 느낌이다. 대신 나는 친구와 스티커를 교환한다. 그럼 나는 또 부자가 된다. 친구와 스티커에 관한 정보도 교환한다. 그럴 때면 친구가 더 가까워지는 느낌이다.

나중에 어른이 되면 나는 스티커를 보며 무슨 생각을 할까? 돈 낭비? 도둑
질? 부자? 친구? 그건 어른이 되어봐야 알겠다.

6학년 아이가 쓴 생활문이다. 앞의 글들과 달리 스스로 글감을 찾아
내어 쓴 생활문이다. 글감도 특정 사건이 아니라 스티커를 모으는 자
신의 취미에 대한 서술이다.

아이는 취미인 스티커 모으기가 어떤 의미인지 궁금해한다. 부모는
돈 낭비라고 생각하지만 아이는 친구와 서로 교류할 수 있는 인연의
끈으로 여긴다.

무엇보다 이 글은 솔직함이 장점이다. 스티커가 너무 좋아 훔칠 수
도 있을 것 같다는 마음을 정직하게 드러내고 있다. 서툴지만 '돌멩이
를 매단' 발이나 스티커가 많아지면 '부자가 된' 느낌이라는 표현들
이 아이의 개성을 드러낸다.

나의 유언장

아, 이런 날이 이렇게 빨리 올 줄은 몰랐어요. 내가 세상에 없다니……. 내가
없더라도 슬퍼하지 말기를……. 나는 더 좋은 곳에서 행복하게 살 거예요.

엄마, 죽는다고 생각하니 엄마가 가장 먼저 떠오르네요. 우리 자주 싸웠네요.
그래도 엄마를 사랑해요. 제가 없다고 슬퍼하지 마시고 동생을 잘 보살펴주세요.
그리고 제 핸드폰 꼭 무덤에 넣어주시고요.

아빠, 제가 없더라도 절대로 술이나 라면을 많이 드시지 마세요. 그런 거 아빠

를 망치게 해요. 그리고 하나 더……. 엄마랑 싸우지 마세요, 애들은 싸우면서 크지만 어른들은 다 컸는데 왜 싸우나요? 아빠가 조금만 양보하면 싸움은 안 생길 거예요.

그리고 동생아, 누나 없어도 말썽부리지 말고……. 내 물건은 다 너 가져. 평소에 누나가 아껴두었던 지우개 모음 너한테 물려줄게……. 조금 아깝긴 하지만 쓰레기통으로 가는 것보다는 낫겠다. 그리고 엄마 말씀 잘 듣고……. 누나 자리를 니가 채워드려…….

○○아, 그동안 수고했어. 이렇게 빨리 세상과 헤어지는 건 아쉽지만 어쩌겠니? 너무 슬퍼하지 말고 다른 세상에서 행복하렴. 거기선 오래 살고…….

그럼 모두 안녕~ ㅠ·ㅠ

5학년 아이가 쓴 유언장이다. 아이에게 유언장을 쓰게 하는 것이 꼭 필요할까 싶지만, 이러한 활동으로 자신을 되돌아볼 수 있는 시간을 갖게 한다. 죽음이라는 가상의 사건을 통해 자신과 가족 간의 관계를 짚어보게 하고, 가족의 소중함을 깨닫는 기회를 줄 수 있다.

3단계의 아이는 특정한 사건 없이도 생활문을 쓸 수 있다. 친구와의 우정이나 학교 내에서의 왕따 문제, 학원, 공부, 놀이 등을 글감으로 자신의 생각과 의견을 자유롭게 쓰게 한다.

나의 소원은 통일이 아니다. 나의 소원은 아주 작은 것이다. 너무 유치해서 소원 같지도 않은 소원이다. 나의 소원은 바로 핸드폰을 갖는 것이다.

우리 반에서 핸드폰이 없는 아이는 딱 두 명이다. 그 두 명 중에 내가 포함 되어 있다. 한 아이는 폰이 있었는데 잃어버려 지금 없는 것이지만 나는 다르다. 나는 폰을 가져본 적이 없다. 나는 폰이 없어서 맨날 친구들 것을 빌린다. 치사할 때도 많다. 게임 같은 건 할 수도 없다. 집에서 아빠나 엄마의 폰으로 쓰는 정도? 엄마는 중학생이 되면 사준다는데 중학생이 언제 되냐? 요즘은 1학년도 폰이 있는데 나는 뭔가? 나는 조선시대 사람인가?

핸드폰은 이제 필수품이다. 서로 연락도 하고, 심심하면 게임도 한다. 지하철 노선도나, 사전 찾기도 있다. 정보시대는 그냥 만들어지지 않는다. 사람들이 정보를 이용해야 된다. 그래야 서로 대화도 된다. 핸드폰이 없는 나는 세상과 떨어진 느낌이다.

6학년 아이의 생활문으로 휴대전화(핸드폰)를 글감으로 했다. 아이도 엄연히 정보화 시대를 사는 현대인인데 휴대전화가 없다고 한탄한다. 세상과 동떨어진 느낌 때문에 서글퍼하는 아이의 마음이 간절하게 다가온다.

3단계에서는 사건 위주의 생활문에서 벗어나 아이의 생각을 중심으로 생활문 쓰기를 해보게 하자. 아이가 스스로 글감을 찾지 못하면 대신 글감을 주고 자신의 생각을 쓰도록 한다.

아직 자신의 생각을 끌어내는 힘이 없다면, 아이와 함께 브레인스토밍을 해보자.

 브레인스토밍

여러분은 지금 울릉도에 산다. 겨울이면 며칠씩 내리는 눈 때문에 외출을 못 하는 경우가 많다.

이렇게 눈이 많이 오면 전깃줄에 눈이 쌓여 그 무게 때문에 전기가 끊어지는 경우도 생긴다.

집 앞의 눈이야 치우면 되지만, 전깃줄의 눈은 털어낼 수가 없다. 그러다 전깃줄이라도 끊어지면 마을 사람들은 이중으로 고생을 하게 된다.

자, 이때 어떻게 하면 눈으로 인해 전선이 끊어지는 것을 막을 수 있을까? 브레인스토밍을 이용해보자.

- 전깃줄에 우산을 받쳐준다.
- 전깃줄의 눈을 비로 쓸어낸다.
- 전봇대를 발로 차면 줄이 흔들려 눈이 떨어진다.
- 물을 뿌려 녹게 만든다.
- 참새 먹이를 전선에 올려놓아 새들이 앉게 한다.
- 새 먹이는 어떻게 올리지?
- 비행기를 이용해 하늘에서 새 모이를 뿌린다.
- 헬리콥터로 모이를 뿌린다.
- 헬리콥터는 바람이 세게 일어난다.
- 그 바람 때문에 모이가 전선에 날아가지 않을까?
- 앗! 헬리콥터 바람이 전선의 눈을 털어낼 수 있겠네!

이렇게 전깃줄의 눈을 털어내는 방법이 해결되었다. 이 방법이 나오기까지 뒤죽박죽 많은 이야기가 오고 갔다. 전선의 눈을 비로 쓸거나 새 모이를 올려놓는 등 말도 안 되는 아이디어가 쏟아졌다.

브레인스토밍은 논리를 따지기보다는 다양한 아이디어를 끌어내는 데 목적이 있다. 아이디어가 활발하게 오간 덕분에 처음에는 생각지도 못했던 창의적인 해결책을 찾을 수 있게 되었다. 이것이 브레인스토밍이다.

- 브레인스토밍은 미국의 광고회사에서 처음 개발한 아이디어 발상 기법이다.
- 어떠한 주제에 관해 창의적인 아이디어를 만들어내는 활동이다.
- 두뇌(Brain)에 폭풍(Storm)을 일으키듯 순간적으로 떠오르는 아이디어를 말하게 한다.
- 논리를 따지지 않고 자유로이 의견을 낸다.
- 꼬리에 꼬리를 무는 아이디어들이 폭발한다.
- 아이디어에 대한 비판은 하지 않는다.
- 될 수 있으면 많은 아이디어를 수집한다.
- 아이들의 경우에는 일정한 시간 동안 혼자 아이디어를 적은 후, 함께 모여 이것을 종합해본다.
- 처음에는 생각하지 못했던 창의적인 아이디어를 찾을 수 있다.

그러면 아이와 함께 브레인스토밍을 연습해보자.

먼저 글감을 제시하고 떠오르는 생각을 적게 한다. 생각나는 대로 남김없이 적어야 한다. 많이 적을수록 좋다. 아이디어 쓰기가 끝나면 다른 친구들의 의견과 견주어본다. 이 가운데 아이의 마음에 드는 아이디어를 고르게 한다. 이 아이디어로 개요를 짜고 글을 써보게 하자.

떠오르는 생각들 : 힘들다. 숙제하기 싫다. 강제로 간다. 애들이 많다. 시험을 본다. 답답하다. 쉬는 시간이 없다. 놀고 싶다. 배고프다. 잠이 온다. 시끄럽다. 지겹다. 지루하다. 재미없다. 공부한다. 100점. 시험 잘 보아야 한다. 보충수업을 한다. 일요일도 간다. 쉬고 싶다.

글로 쓰고 싶은 생각들 : 시험을 잘 보아야 한다. 강제로 간다. 재미없다. 힘들다. 숙제하기 싫다. 놀고 싶다.

아이디어를 이용해 개요 짜기

처음　· 아이들이 학원에 가는 이유

가운데· 학원에 가서 하는 일

　　　　· 학원에 가서 좋은 점과 나쁜 점

　　　　· 아이들이 학원을 싫어하는 이유

끝　　· 아이들에게 필요한 것

학원과 아이들

학원에 안 가는 아이는 없다. 학교가 끝나도 아이들은 계속 공부한다. 좋은 직업을 갖기 위해 공부를 한다. 좋은 직업은 좋은 학교에 가면 된다. 좋은 학교는 시험을 잘 보아야 간다. 그래서 낮에도 밤에도 공부해야 한다.

아이들은 학원에 가서 문제를 푼다. 시험을 본다. 많이 틀리면 다시 재시험을 본다. 점수가 오를 때까지 계속 본다. 그리고 숙제도 받아온다. 학원은 시험 문제가 뭐가 나올지 알려준다. 열심히 공부하면 점수도 오른다. 그런데 지겹다. 힘들기도 하다. 그래서 학원 수업에 집중하지 않는다. 학원은 가지만 노는 애들도 있다.

아이들은 놀고 싶다. 놀아야 공부도 잘할 수 있다. 시험 잘 보고 좋은 학교 가서 좋은 직장 다니면 뭐 하나. 어릴 때 놀지 못하면 스트레스가 많은데……. 그럼 행복하지 않은데…….

point_ 사건 없이 생각을 쓰는 생활문

▶ 사건 없이 쓰는 생활문을 써 보자.
▶ 브레인스토밍을 이용해 아이디어들을 모은다.
▶ 아이디어들 중에서 글로 쓰고 싶은 것을 고른다.
▶ 골라낸 아이디어를 이용해 개요표를 짠다.
▶ 개요표를 보고 글을 쓴다.
▶ 글을 다 쓴 다음 아이의 구체적인 경험을 덧붙인다.

브레인스토밍을 이용해 개요를 짜고 쓴 글이다. 그런데 이 상태로는 부족하다. 아이의 생생한 경험을 덧붙여야 비로소 좋은 생활문이 된다. 학원에 다녔던 구체적인 경험이나 놀지 못해 스트레스를 받은 경험을 덧붙인다면 보다 완성도 있는 생활문이 될 것이다.

Part 2
소통이 없는 편지,
회상 능력만 강요하는
독서감상문은
이제 그만

편지 말로는 다 전하지 못하는 진심

편지 숙제 좀 해주세요

'어버이날 부모님께 편지 쓰기가 숙제인데요, 수행평가 점수에 반영한대요. 제가 편지를 어떻게 써야 하는지 몰라서요. 좋은 말이나 표현 같은 것 좀 써주세요.'

포털 사이트에 올라온 질문이다. 편지를 어떻게 쓰는지 모르니 방법을 가르쳐 달라는 질문 같다. 하지만 자세히 보면 직접 써달라는 부탁이다. 질문 밑에는 도움을 주는 답변이 있다. 답변으로 들어가 보니 각종 글쓰기 예문을 판매하는 사이트로 연결되어 있다. 답변자는 친절하게도 샘플 글에 이름을 바꾸어 쓰라는 설명을 덧붙여 놓았다.

30년 전만 하더라도 편지는 소식을 주고받는 수단이었다. 고향에 계신 부모님께, 군대에 간 자식에게, 어릴 적 선생님께, 멀리 떠난 친구에게 편지는 마음을 전하는 거의 유일한 방법이었다. 그런데 정보 통신의 발달로 언제 어디서든 얼굴을 보며 소식을 전할 수 있게 된 지금, 편지는 낯선 통신 수단이 되었다. 그나마 컴퓨터로 주고받는 전자 우편(e-mail)이 편지의 명맥을 이어가고 있다. 이제 손으로 편지를 쓰는 사람은 찾아보기 힘들다.

이동통신 기기 하나로 순식간에 사진에 문서까지 바로 보낼 수 있는데, 왜 시간과 정성을 들여 손으로 편지를 쓸까? 편지가 사라지는 건 어쩌면 당연한 일인지도 모른다. 그런데 아쉽다. 편지를 주고받을 때의 즐거움이나 낭만, 교육적 효과 등이 사라지고 있기 때문이다.

편지는 진심을 소통할 수 있는 공간이다. 편지를 쓰면 진솔하게 자신의 내면을 들여다볼 수 있고, 상대방의 마음도 읽을 수 있다. 말로 다하지 못한 마음도 전할 수 있다. 차마 앞에서는 할 수 없던 말도 편지로는 전할 수 있다. 편지는 자신을 진실하게 드러낼 수 있는 수단이다. 그래서 편지는 관계를 개선할 수 있는 소통의 도구이다. 더불어 편지는 예절을 갖추어 쓰는 글이므로 바른 언어와 말씨를 키우는 데 도움이 된다.

tip 편지를 쓰면 좋은 점

- 진심으로 소통할 수 있다.
- 나의 내면을 들여다볼 수 있다.
- 나를 솔직하게 드러낼 수 있다.
- 상대의 마음을 진솔하게 읽을 수 있다.
- 말로는 다 못하는 마음을 표현할 수 있다.
- 사람 사이의 관계를 개선할 수 있다.
- 예의 바른 언어와 말씨를 키울 수 있다.

과학은 편리함을 가져다 주었지만 진심을 나누는 소통의 공간을 빼앗았다. 소통의 부재는 우리 사회에 다양한 문제를 만들어낸다. 집단과 집단 간의 대립, 개인의 소외와 단절, 이런 현상은 사회를 황폐화시킨다. 사회가 발전하고 복잡해질수록 이해와 관용이 필요하다. 참다운 나를 진솔하게 드러내면서, 상대를 이해하는 소통이 필요하다.

진심을 담아야 감동을 준다

병태에게

병태야, 안녕? 난 순이야.

오늘 책에서 너의 이야기를 읽었어. 네가 저번에 실험할 때 물 주면 안 되는 화분에 물을 줬더구나. 왜 그랬니? 나 같았으면 안 그랬을 거야. 내 생각에는 할머니 때문인 것 같은데……. 생명으로 그런 실험을 하면 안 된다고 생각하고 니가 생명을 아껴서 그런 것 같아. 너는 아주 멋져. 앞으로 친구들에게 생명이 소중하다는 걸 가르쳐주는 게 어때? 멋질 것 같은데……. 그럼 너는 생명의 용사가 되는 거야.

그럼 잘 있어~

순이 씀

4학년 아이가 동화를 읽은 뒤 주인공에게 쓴 편지이다. 편지 쓰기가 사라졌다고는 하지만 편지 형식을 차용한 일기와 독후감, 생활문 등은 여전히 쓰이고 있다. 그러나 이것은 진정한 의미의 편지가 아니다. 편지 형식을 활용한 글쓰기이다.

편지는 주는 사람과 받는 사람의 마음을 잇는 쌍방향 소통 수단이다. 반면 편지 형식을 차용한 글쓰기는 상대는 있지만 받을 수 없는 일방적인 글쓰기이다. 편지는 서로 주고받으며 소통할 때 그 역할을 하는 것이다. 음식도 대접할 사람이 있어야 더 정성껏 만들듯이, 편지도 받는 사람이 있어야 더 정성껏 쓰게 된다. 받는 사람이 가상의 인물이거나 읽기가 불가능한 경우, 마음을 담는 데에는 한계가 있다.

훈이에게

훈아, 안녕?

선생님을 생각하고 '스승의 날'에 편지를 써주어서 너무 고맙구나. 예쁜 편지지에 똘똘한 훈이의 글씨를 보니 선생님의 마음에 바람이 부는구나.

훈아, 선생님하고 알게 된 지 벌써 두 해가 되어 가는구나. 2학년 1반 시절에는 일기장을 통해 많은 얘기를 했었는데, 이렇게 다시 훈이에게 글을 쓸 기회가 생기니 참 좋구나. 작년 일인데도 참으로 오랜만인 것 같구나.

2학년 때 훈이는 아침마다 이미가 닿도록 인사를 하고, 궁금한 일은 모조리 물어보았었지. 선생님 책상에 기어들어가기도 하고, 선생님을 너무 꼭 안아줘서 머리카락이 당겨져 아프기도 하였지. 봄이 되면 친구들에게 달팽이를 나누어주었고, 몇 호선 지하철을 좋아하냐고 물어보고 다녔지. 시간이 지나면 원하는 지하철을 종이로 만들어다 주었지. 쉬는 시간에는 종이를 하염없이 길게 잘라 붙여서 훈이의 책상과 교실 바닥까지 이어지는 기찻길도 만들었지. 친구에게 장난을 치다가도 금방 미안하다고 친구를 안아주고, 선생님의 손을 잡아주었지. 모두 잊지 못할 추억이 되었구나.

훈아, 항상 빛처럼 밝고 따뜻한, 소금처럼 모든 음식에 꼭 필요한 사람이 되렴. 그것이 선생님의 소망이란다. 훈이처럼 멋진 제자를 두어 선생님은 하나님께 감사하단다.

어려움이 있어 힘들 때, 심심할 때, 선생님의 기도가 필요할 때 언제든지 오렴. 선생님이 너의 편이 되어 도와줄게.

그럼 건강하게 지내고, 다음 기회에 또 만나자.

훈이의 2학년 담임선생님이

위 편지는 훈이의 2학년 때 담임선생님이 훈이에게 보낸 편지이다. 스승의 날 훈이가 보낸 편지에 선생님이 답장을 한 것이다. 선생님의 편지를 읽으니 훈이의 학교생활이 머릿속에 그려진다. 개구쟁이지만 맑고 명랑한 아이. 선생님은 2년 전에 가르쳤던 훈이에 대해 상세히 기억하고 있다. 이러한 답장 편지를 받은 훈이는 감동을 느낄 것이다. 그리고 선생님은 훈이가 정말 힘든 일이 있을 때 찾아가면 진심으로 걱정해줄 것만 같다.

편지는 사람과 사람이 마음을 나누는 글이다. 그래서 진심이 들어 있지 않은 편지는 알맹이가 없는 헛된 글이 된다. 대부분의 '편지 형식을 빌린 글쓰기'는 알맹이가 없는 글이 많다. 편지의 형식만 빌려왔기 때문이다. 아이들이 편지 쓰기를 어려워하는 이유는 무엇일까? 바로 이 알맹이를 담아내는 방법을 알지 못해서이다.

편지에 알맹이를 담기 위해서는 우선 솔직해야 한다. 그렇다고 떠오르는 모든 생각을 적으라는 말이 아니다. 자신의 마음을 그대로 드러내되 상대의 마음을 살필 수 있는 솔직함이어야 한다. 받을 사람의 마음을 헤아리며 마음을 드러내라는 뜻이다.

또한 내용을 구체적이고 자세하게 써야 한다. 교사들은 글을 길게 쓰라는 말을 자주 한다. 이 말은 문장을 길게 늘여서 쓰라는 뜻이 아니라 어떠한 사실을 자세히 쓰라는 의미이다. 길게 쓰는 것과 자세히 쓰는 것은 분명히 다르다.

❶ 2학년 때 훈이는 아침마다 이마가 닿도록 인사를 하고, 궁금한 일은 모조리 물어보았었지. 선생님 책상에 기어들어가기도 하고, 선생님을 너무 꼭 안아줘서 머리카락이 당겨져 아프기도 하였지. 봄이 되면 친구들에게 달팽이를 나누어주었고, 몇 호선 지하철을 좋아하냐고 물어보고 다녔지. 시간이 지나면 원하는 지하철을 종이로 만들어다 주었지.

❷ 2학년 때 훈이는 인사를 잘하고 호기심이 많은 장난꾸러기였지. 하지만 친구들을 생각해주는 착한 아이였지.

②번 글은 ①번과 내용은 같지만 구체적이지 않다.

'기쁘다'보다 '하늘을 나는 기분이야'가 더 구체적이고, '그런 행동은 싫어'보다 '너의 그런 행동은 나를 화나게 해'라는 표현이 구체적이다. '나는 김치찌개를 좋아합니다'보다 '나는 김치찌개만 있으면 밥을 뚝딱 먹어치웁니다'가 더 구체적이다.

구체적으로 자세히 쓰기 위해서는 포괄적 의미의 서술어보다는 좁은 의미의 서술어를 사용해야 한다. 또 정의를 내리거나 설명하는 방식보다는 어떤 행동이나 모습을 묘사하면 된다. 이렇듯 구체적으로 쓴 글은 전달력이 강해 읽는 이의 이해력을 높인다.

교과서에 나오는 편지 쓰기 예문

초등학교 5학년이 되면 '나눔의 기쁨'이란 단원에서 여러 시간에 걸쳐 편지 쓰기를 배운다. 그런데 꼼꼼하게 살펴보면 진정한 의미의 편지 쓰기 과정이 아니다. 학습목표가 '사과하는 글의 특성을 알아보자'이다.

선생님께

선생님, 제가 어제 다희의 시계를 숨겼습니다. 처음에는 장난삼아 시계를 사물함에 넣고 집에 갈 때 다희에게 돌려주려고 하였습니다. 그런데 다희가 새로 산

시계가 없어졌다고 펑펑 울어서 그 사실을 말할 수 없었습니다.

선생님께서도 우리 반에서 처음으로 분실 사고가 발생하였다고 화를 내셔서 순간 겁도 났습니다. 선생님께서 그렇게 화내시는 것을 본 적이 없기 때문입니다. 몇 번이나 제가 장난한 것이라고 말씀드리려고 하였는데 용기가 나지 않았습니다.

선생님, 정말 죄송합니다. 다시는 그런 장난을 하지 않겠습니다. 다희에게도 사과하겠습니다.

20××년 OO월 OO일

서경원 올림

『국어 듣기 말하기 쓰기 5-2』, 교육과학기술부, 76쪽

'사과하는 글'이라는 제목의 교과서 예문이다. 사과를 말로 한다면 편지라는 형식을 이용할 필요가 없다. 말이 아닌 글로 해야 하기 때문에 편지라는 형식이 필요한 것이다. 이 단원에서 아이들은 편지 쓰기를 배우는 것이 아니라 진심을 담아 사과하는 방법을 배운다.

편지로 사과만 표현할 수 있는 것은 아니다. 어려운 일이 있는 친구에게는 위로의 편지를, 중요한 일을 하게 된 친구에게는 격려의 편지도 쓸 수 있어야 한다.

편지 쓰기를 배우면 자연스럽게 사과하는 내용도, 격려하는 내용도, 걱정하는 내용도 다 쓸 수 있다. 사과하는 편지만 배우면 걱정하고, 격려하고, 칭찬하고, 축하하는 편지는 쓸 필요가 없다고 생각할 수

도 있다.

　이 장에서는 이러한 마음들을 편지에 담으면, 상대방과 진심으로 소통할 수 있다는 것을 가르쳐주자.

상대의 마음을 여는 긍정적인 메시지

편지에도 형식이 있다

편지는 주로 소식을 전하거나 안부를 물을 때, 어떤 용무가 있을 때 쓴다. 편지는 가장 실용적인 글이며, 목적이 있는 글이다. 그런데 하고 싶은 말이 있다고 떠오르는 대로 적으면 편지 쓰는 목적을 이루지 못할 수도 있다. 편지는 형식에 맞추어 써야 한다. 또 받는 사람의 나이나 신분, 관계 등을 고려하여 예의도 갖추어야 한다. 상대의 입장을 고려하여 말의 수위를 조절하고, 바른 언어를 사용해야 한다. 자신의 이야기나 자랑보다 상대를 배려하는 자세를 가져야 한다.

편지의 형식을 간단히 알아보자.

편지는 서두, 본문, 결미의 3단 구성으로 되어 있다. 아이의 글이니까 처음, 가운데, 끝으로 구분해도 좋다.

처음　· 받는 사람의 이름이나 호칭을 쓴다.

　　　· 인사말을 쓴다.

　　　· 상대의 안부를 묻고 간단한 나의 소식을 전한다.

가운데 · 편지를 쓰게 된 이유를 적는다.

· 쉬운 말과 문장으로 써야 편지 쓰는 목적이 잘 나타난다.

· 솔직하고 정성스럽게 쓴다.

끝 · 안부를 전하고 끝인사를 한다.

· 회신이나 부탁하고 싶은 말을 쓴다.

· 쓴 날짜와 보내는 사람의 이름을 적는다.

아이들이 쓰는 글 중에서 가장 실용적인 글이 편지이다. 또한 편지는 아이들의 글 가운데 일정한 형식이 있는 유일한 글이다. 이렇게 형식에 맞추어 쓰는 글이므로 가장 쉬울 수도 있지만, 진심을 담아야 하기 때문에 가장 어려울 수도 있다.

목적에 따라 다르게 써야 하는 글

과거에는 편지글을 쓸 때 격식을 매우 중요하게 여겼다. 존칭어 사용에서부터 편지 봉투 서식까지, 받는 사람에 따라 격식을 지켜야 했다. 하지만 시대가 바뀌어 전자우편의 이용이 늘자 격식에 대한 부담이 줄었다. 그러나 여전히 편지는 이유와 목적이 있는 글이며, 그 성격과 종류에 따라 특징이 있다.

아이들이 주로 쓰는 편지로는 안부 편지, 감사 편지, 초대 편지, 사과 편지 등이 있다. 여러 가지 편지의 특성과 쓰는 방법을 알아보자.

안부 편지

상대의 안부를 묻거나 인사를 전하기 위한 편지이다.

할아버지께

할아버지 안녕하세요? 저 수린이에요.

잘 지내시죠? 이번에 눈이 많이 왔는데 광주는 어떤가요? 서울은 차가 많아서 다 녹았어요. 사람들이 금방 치웠어요.

할아버지, 지난번에 술을 많이 드셨는데 몸은 괜찮으세요? 저는 할아버지가 술을 많이 드시면 걱정 돼요. 몸도 약하신데 술을 드시고 길에 넘어지면 어떡해요. 할아버지가 건강하셔야 제 웃는 모습을 많이 보여드릴 수 있어요. 할아버지가 아프시면 제가 웃어도 기쁘지 않잖아요. 할아버지가 건강하시면 저도 기쁘고, 그러면 웃음이 자꾸 나와서 다 행복해지잖아요. 그러니 할아버지, 술은 조금만 드시고, 밥을 많이 드세요.

그럼 감기 조심하시고 설날에 만나요.

서울에서 수린 올림

할아버지에 대한 아이의 걱정이 담긴 편지이다. 안부 편지는 상대에 대한 관심의 한 표현이다. '당신은 나에게 소중한 사람이라 이만큼 관심을 갖고 걱정하고 있음'을 알리는 글이다. 그렇기 때문에 진심으로 상대를 생각하고 있음을 드러내야 한다. 형식적인 말보다는 구체적으로 어떻기를 바라는지, 어떤 걱정을 하고 있는지 표현하면서 긍정적인 메시지를 담는다.

초대 편지

아이들은 주로 생일 초대 편지를 많이 쓴다.

소연이에게

소연아, 10월 20일은 내 생일이야.

지난번에 니 생일에 초대해 주었잖아.

꼭 와서 축하해 줘.

니가 와준다면 정말 기쁠 거야.

그럼 그날 꼭 와~

준호가

초대 편지는 정보 전달의 성격이 크다. 따라서 초대하는 이유와 날짜, 시간, 장소 등을 정확하게 적어야 한다. 그래야 초대 편지의 목적을 이룰 수 있다.

감사 편지

남규에게

남규아 안녕? 윤상의 엄마야.

지난 토요일에 남규네 갔었잖아. 윤상이가 얼마나 재미있어 하던지 또 남규 형이랑 놀고 싶다고 하네? 남규가 동생 윤상에게 산책도 시켜주고, 문방구도 보여주고, 다리도 구경시켜주고⋯⋯. 형이 없는 윤상이가 외로웠나봐. 남규가 동생이랑 잘 놀아주고 멋지더라.

참참, 남규가 만든 기차와 버스가 근사하더라? '와아' 하는 감탄사가 절로 나오던데? 남규가 가르쳐준 대로 오늘 윤상이랑 쉬운 기차부터 만들기로 했어. 다음에 만나면 보여줄게. 윤상이는 아침마다 일어나면 남규가 준 버스부터 꺼내어 논단다. 고마워~ 남규야, 네 덕분에 윤상이가 나누고 베푸는 걸 배웠어.

남규야, 오늘도 신나고 씩씩하고 많이 웃는 하루가 되길 바래. 다음에 또 만나자.

윤상의 엄마가

감사의 인사를 해야 할 때가 있다. 부모님께, 선생님께, 친구에게⋯⋯. 이때 열 마디의 말보다 한 통의 편지가 더 진심을 전할 수 있다. 진심 어린 감사의 편지는 관계를 돈독하게 하고, 세상을 따뜻하게 한다. 감사하는 마음은 긍정적인 에너지를 만든다. 감사의 편지를 쓸 때는 고마움과 함께 감사의 내용을 구체적으로 적는 것이 좋다.

❶ 윤상이가 얼마나 재미있어 하던지 또 남규 형이랑 놀고 싶다고 하네? 남규가 동생 윤상이와 잘 놀아주었잖아.

❷ 윤상이가 얼마나 재미있어 하던지 또 남규 형이랑 놀고 싶다고 하네? 남규가 동생 윤상이에게 산책도 시켜주고, 문방구도 보여주고, 다리도 구경시켜주고…….

①의 '잘 놀아주었잖아' 라는 표현보다 ②처럼 놀아준 사실을 구체적으로 적는 것이 좋다. 구체적인 표현은 내가 어떤 점을 감사하게 생각하는지 상대에게 자세히 전달해준다. 이러한 표현은 내가 상대에 대해 관심을 가지고 있음을 의미하기 때문에 받는 이의 마음을 열어준다.

하지만 감사의 인사를 한다고 지나치게 상대를 치켜세우거나 칭찬 일색일 때는 받는 이가 오히려 부담을 느낄 수 있다. 진실성이 없어 보일 수도 있다. 감사의 인사는 적당하게 하는 것이 좋다.

사과 편지

아현이에게

나, 소연이야. 화 많이 났니?

니가 나에게 추천을 부탁했는데 그러지 못해서 미안해. 부족한 우리 조의 인원을 채워주려고 했던 너의 마음을 우리가 몰라주어 서운했을 거 같아. 우리와 함께 해서 표현활동에 나가고 싶었을 텐데 많이 실망했지?

　표현활동 조가 우리 조가 될 줄은 몰랐어, 그래서 부족한 인원이지만 신경 쓰지 않고 연습했지. 그런데 우리 조가 대표가 된 거야. 네가 우리 조에 들어온다고 했을 때 솔직히 우리는 부담스러웠어. 우리는 이미 홀수로 안무를 다 짜놓았는데 네가 들어오면 다시 짜야 했기 때문이지. 그럼 우리가 노력한 시간이 허물어지는 거잖아? 시간도 부족하고……. 그래서 우리가 너를 거부했던 거야. 결코 니가 미워서 그런 게 아니야.

　하지만 인원이 부족하면 대회에 나갈 수 없기 때문에 어떻게든 방법을 찾아야 할 것 같아. 안무를 짜는 게 너무 힘들고 시간도 많이 들었어. 그래서 다시 짜는 건 힘들 것 같아. 대신 니가 우리의 안무를 빨리 배우면 어떨까? 그렇다면 안무를 다시 짜는 수고를 안 해도 되고, 너도 우리와 함께 표현활동 대회에 갈 수 있잖아. 너는 무용을 잘하고 친구들과 잘 어울리니까 금방 배울 수 있을 것 같은데 어때?

　이제 오해 풀고, 우리 서로 도울 수 있는 방법을 찾아보자. 그럼 너의 답이 Yes 이길 바라며 이만 줄일게…….

소연이가

친구와 오해를 풀기 위해 쓴 사과의 편지이다. 진심이 느껴지는 편지이다. '사과의 편지' 하면 반성문이 가장 먼저 떠오른다. 반성문은 자신의 행동을 돌아보고 잘못된 행동을 반성하면서 새로운 각오를 다지는 글이다.

그런데 막상 반성문을 쓰면 자신도 모르게 변명을 늘어놓게 된다. 사과의 편지도 마찬가지이다. 편지로 사과를 하겠다는 생각은 대견하지만 막상 쓰고 나면 변명만 가득할 때도 있다. 아니면 사과를 한다고 쓴 편지인데 그저 사죄의 말만 가득 쓸 수도 있다. 이런 경우, 진정한 의미의 사과가 이루어질 수 없다.

사과에도 방법이 있다. 우선 상대방의 심정을 헤아려야 한다. 현재 상대방이 어떤 상황이고, 어떤 생각을 갖고 있을지 짐작해보게 하자.

❶ 너의 마음을 우리가 몰라주어 서운했을 거 같아.

자신의 이야기보다 상대의 마음을 먼저 헤아릴 때 상대가 마음을 열게 된다. 상대방이 어떠한 의도로 그런 행동을 했는지 마음을 읽게 하자.

❷ 우리 조와 함께 하고 싶어서, 부족한 우리 조의 인원을 채워주려고

설사 이러한 추측이 받는 이의 생각과 다르다 하더라도 다른 이의 입장에서 생각해보려는 자세는 상대의 마음을 열게 한다.

그런 다음 자신의 이야기를 들려준다. 왜 그렇게 행동했는지, 어떤 이유가 있었는지 구체적으로 설명하도록 하자.

❸ 우리는 이미 홀수로 안무를 다 짜놓았는데 네가 들어오면 다시 짜야 했 기 때문이지. 그럼 우리가 노력한 시간이 허물어지는 거잖아? 시간도 부족하고…….

❹그래서 우리가 너를 거부했던 거야. 결코 니가 미워서 그런 게 아니야.

끝으로 문제 해결을 위한 방법을 제안한다. 설사 해결 방법이 없더라도 상대를 위해 고민하고 있음을 나타내는 것이다.

❺안무를 다시 짜는 건 힘들 것 같아. 대신 니가 우리의 안무를 빨리 배우면 어떨까? 그렇다면 안무를 다시 짜는 수고를 안 해도 되고, 너도 우리와 함께 표현활동 대회에 갈 수 있잖아. 너는 무용을 잘하고 친구들과 잘 어울리니까 금방 배울 수 있을 것 같은데 어때?

그리고 긍정적인 메시지로 편지를 끝낸다.

❻그럼 너의 답이 Yes 이길 바라며 이만 줄일게…….

진심은 통한다고 하지만 무조건 진심을 말한다고 해서 마음이 전해지지는 않는다. 말하기에도 기술이 필요하듯 사과하기에도 기술이 필요하다. 무조건 반성하고 사죄한다고 사과가 되지 않는다. 사과한다며 끊임없이 자학하거나 반복적인 사과의 말만 나열하면 안 된다. 진심을 담되 상대를 생각해야 하고, 또 구체적인 해결 방안이 담겨 있어야 한다. 상대의 마음을 헤아리면서 관계 개선의 의지를 보여야 한다. 그래야 상대의 마음을 보듬어줄 수 있다.

point_ 여러 가지 편지 쓰기

안부 편지

▶ 상대에 대한 안부를 묻거나 인사를 전하기 위한 편지이다.

▶ 상대에 대한 애정과 관심의 표현이다.

▶ 진심으로 걱정하고 있음을 드러낸다.

▶ 긍정적인 메시지를 전한다.

초대 편지

▶ 상대를 초대하기 위해 전하는 편지이다.

▶ 정보 전달의 성격이 크다.

▶ 초대하는 이유와 날짜, 시간, 장소 등을 정확하게 적는다.

감사 편지

▶ 감사의 인사를 하기 위한 편지이다.

▶ 감사 편지는 관계를 돈독하게 하고, 세상을 따뜻하게 한다.

▶ 고마움과 감사의 내용은 구체적으로 적는 것이 좋다.

▶ 지나치게 상대를 치켜세우거나 칭찬할 때는 오히려 부담을 준다.

사과 편지

▶ 자신의 잘못된 행동을 반성하고 사과의 마음을 전한다.

▶ 상대의 입장에서 생각하면서 심정을 헤아려야 한다.

▶ 자기변명만 늘어놓지 않는다.

▶ 미안하다는 말만 가득 적지 않는다.

▶ 문제 해결을 위한 방법을 제안한다.

▶ 긍정적인 메시지를 전한다.

독서감상문
반드시 공감해야 쓸 수 있는 글

독서 교육과 상관없는 독서인증서

방학 동안 도서관은 항상 만원이다. 올망졸망 열심히 책을 읽는 아이들을 보고 있으면 마음이 흐뭇하다. 그런데 아이들 중 몇몇은 무언가를 열심히 적고 있다. 자세히 보니 독서기록장이다.

"우리 학교는 1년 동안 책 50권을 읽으면 독서인증서를 줘요!"

궁금해하자 아이들이 대답한다. 그런데 조건이 있다고 한다. 그냥 읽기만 하면 안 되고 반드시 읽은 책에 대해 독후감을 남겨야 한다는 것이다.

어떤 학교는 특별히 제작한 독서기록장을 전교생에게 나누어주기도 한다.

"학교 다닐 때는 시간이 없어서 못 써요. 방학 때 열심히 써놓아야 편해요."

역시 아이들의 말이다. 책을 읽었다는 증명으로 꼭 독후감을 써야만 한단다. 책을 읽고 독서기록을 남기지 않으면 그 책은 읽지 않은 것이 되는 셈이다.

책은 마음의 친구이자 성장의 밑거름이다. 즐겁게 읽고 마음 깊이 감동을 간직하면 된다. 그런데 학교는 아이들에게 무엇을 읽었는지 증거를 남기라고 지도한다. 어쩔 수 없이 요즘 아이들은 독서기록장을 채우려고 책을 읽는다.

상황이 이렇다 보니 독후감의 내용이 길면 자세히 읽은 것이 된다. 대충 읽어도 길게만 쓰면 정독한 책이 된다. 읽지도 않고 책날개의 소개 글을 슬쩍 옮겨 적어도 길게만 쓰면 무사통과이다.

50권 채우기 참 쉽다. 인증서는 쉽게 받을 수 있다. 그런데 이처럼 읽기가 아닌 쓰기 독서를 자꾸 강요하면 지식이 두터워지는 것이 아니라 팔이 두꺼워진다.

요즘에는 이러한 가짜 독서를 가려내겠다고 방법을 바꾸었다. 정해진 책을 읽게 하고, 특별히 제작된 독서기록장에 기록을 하게 한다. 독서기록장 안에는 필독서의 제목이 적혀 있고, 각 책마다 내용을 묻는 질문이 가득하다. 읽었는지 안 읽었는지 질문을 통해 확인하려는 것이다. 그런데 이게 더 쉽다. 이제는 아예 책을 안 읽어도 된다. 책을 읽은 친구의 것을 베끼면 되니까.

어디에서부터 잘못된 것일까?

책을 거짓으로 읽은 척하는 아이들일까? 아니면 독서의 양을 숫자로 정해 놓고 목표를 달성한 아이에게 증표를 나눠주는 학교일까?

독서의 완성은 독서감상문이다

독후감과 독서감상문, 독서기록장과 독서록. 같은 말 같은데, 왜 다르게 부르는 것일까?

우선 '독후감'과 '독서감상문'은 비슷하지만 차이가 있다. '독후감(讀後感)'은 말 그대로 독讀서 후後에 느낌感을 적은 글이다. 반면 '독서(讀書)감상문(感想文)'은 독서 후에 느낀 감상을 완성된 한 편의 글로 적은 것이다. '독후감'은 독서 후에 느낀 감상을 자유로이 적을 수 있다. 편지, 시, 동화, 그림, 만화, 어떤 형태로든 가능하다. 그런데 '독서감상문'은 주로 줄글의 형태를 지니며 감상을 체계적으로 써서 완성도를 높인 글이다. '독후감'이 더 포괄적인 의미이며, '독서감상문'은 '독후감'에 포함된다.

'독서록'과 '독서기록장'의 경우는 어떨까? '독서록(讀書錄)'은 책을 읽은 기록을 말하고, '독서기록장(讀書記錄帳)'은 독서한 기록을 일기(日記)처럼 남기는 공책을 말한다. '독서록'은 제목과 지은이, 날짜 정도의 기록이면 충분하다. 반면 '독서기록장'은 책을 읽고 쓰는 일기라고 생각하면 된다. 따라서 일기처럼 형식이 없다. 완성도보다는 책에 대한 개인적 감상과 느낌의 기록이 중심이다. 연속성도 지닌다. 그러나 '독서록'은 자신이 읽은 책에 대한 목록을 적는다는 의미가 크다. '독서기록장'에는 '독후감'과 '독서감상문'을 다 적을 수 있다. '독서록'도 적을 수 있다. 여기서는 '독서록'을 '독서기록장'

의 약자로 사용하지 않았다.

사실 사전적인 구분은 아니다. 나의 개인적인 구분이다. 현재 '독후감과 독서감상문,' '독서록과 독서기록장'은 서로 구분 없이 같은 의미로 사용한다.

그런데 왜 굳이 이런 구분을 하자는 것일까?

학교에서는 독후감(독서감상문)을 쓸 때 형식에 구애받지 말라고 가르친다. 인상 깊은 장면만 적어도 되고, 한 줄 감상도 된다고 한다. 만화도 되고, 그림을 그려도 된다. 그런데 독후감대회(독서감상문대회)에서는 한 편의 완성된 글을 쓰게 한다. 평소에는 형식 없이 자유롭게 쓰는 것을 배우지만 막상 대회에서는 체계적이고 완벽한 글을 요구한다.

학교에서 쓰는 독후감과 대회에서 쓰는 독후감이 다르다면 서로 구분을 해주어야 한다. 독서 후 감상을 쉽고 재미있게 남기는 방법을 알려주었다면, 그다음에는 체계적이고 완성된 독후감(독서감상문) 쓰는 법도 가르쳐주어야 한다.

같은 종류의 글을 지칭하는 말이 여러 개이고, 가르치는 사람마다 다르게 해석한다면 아이들은 혼란스럽다. 책을 읽고 난 뒤에도 감동을 오래 간직하고 싶다면 '독후감'을 쓰게 한다. 어떠한 형식이든 즐거운 마음으로 감동을 간직할 수 있으면 된다. 그런데 독서 후 의견을 확고히 하고, 책을 분석적이고 비판적으로 정리하고 싶다면 '독서감상문'을 쓰게 하자. 생각을 정리하고 체계화하여 완결성 있는 형태의 글로 저장하는 것이 '독서감상문'이다. 따라서 독서의 완성은 '독서감상문'을 쓸 때 이루어진다.

독후감(독서감상문)에 대한 몇 가지 궁금증

Q1 줄거리와 느낌을 쓰는 게 독후감인가?

독후감을 쓰는 목적은 책을 읽은 뒤 얻은 감동을 오래 간직하기 위해서이다. 그런데 독후감에 어떤 형식이 있어서 그 안에 감동을 억지로 끼워 넣어야 한다면 감동이 사라진다. 책에 대한 감상을 간직하는 방법은 사람마다 다르다. 독후감은 형식이 없어야 한다.

책을 읽고 줄거리를 쓰는 것도 감동을 간직하는 방법 중 하나이다. 이 방법은 가장 쉽고 이해하기가 편해 대중에게 널리 알려져 있다. 하지만 우리 음식에 된장찌개만 있는 것이 아니듯, 독후감에도 매번 줄거리와 느낌만 쓰는 건 식사 때마다 된장찌개를 먹는 것과 다르지 않다. 우리가 날마다 똑같은 메뉴만 먹지 않듯 줄거리와 느낌만 쓰는 독후감은 가끔만 쓰도록 한다.

Q2 독후감은 길게 써야 하나?

생각을 담는 그릇이 '글'이다. 독후감은 독서 후 떠오른 생각이나 느낌을 담은 그릇이다. 그릇이 크다는 것은 그만큼 생각을 많이 했다는 증거이다. 많이 쓰라는 것은 생각을 많이 하라는 의미이다. 그런데 겉으로 보기에는 큰 그릇인데 쓸모없는 것들만 가득한 독후감이 많다. 이런 독후감은 안 쓰느니만 못하다. 크기와 양에 집착하면 글에 영양가가 없다.

겉모습에 얽매여 정작 중요한 감동을 놓치지 말아야 한다. 독후감이 길다고 책을 깊이 있게 읽은 것은 아니다. 간장을 담는 데는 큰 그릇이 필요하지 않다. 놀라울 정도로 아름다운 풍경 앞에서 터뜨리는 "아!"라는 한마디가 어떤 때는 최고의 표현이 되듯 말이다.

Q3 독후감에는 느낌을 많이 써야만 하나?

여기 ①, ②, ③의 글이 있다. 세 편의 글을 읽고 어떤 글이 알차다고 생각하는지 골라보자. 그리고 다음의 예시를 통해 사실과 느낌의 차이를 알아보자.

❶ 두꺼비는 올빼미의 먹이이다. 올빼미는 배가 고프면 두꺼비를 먹는다. 그런데 두꺼비에게도 생명이 있다. 올빼미는 두꺼비의 생명을 신경 쓰지 않는다. 먹이 사슬의 관계는 자연의 법칙이다.

❷ 두꺼비는 징그럽지만 올빼미에게는 맛있는 먹이이다. 배가 고플 때 두꺼비를 먹으면 더 맛있다. 그런데 두꺼비에게도 생명이 있고 가족이 있다. 배가 고픈 올빼미는 약한 두꺼비의 생명 따위는 신경 쓰지 않는다. 이 둘은 먹이 사슬의 관계

이다. 잔인하지만 자연의 법칙이기 때문에 서로 먹고 먹히는 것은 어쩔 수 없다.

❸ 내가 올빼미라면 징그러운 두꺼비를 만지지도 못하겠지만, 올빼미는 두꺼비가 영양식이다. 배가 고플 때 두꺼비를 먹으면 최고의 만찬이 된다. 그런데 두꺼비에게도 생명이 있고 가족이 있다. 올빼미에게 두꺼비가 잡힌다면 그의 가족들이 슬퍼할 게 분명하다. 하지만 배가 고픈 올빼미는 약한 두꺼비의 생명 따위는 신경 쓰지 않는다. 그렇다고 올빼미를 너무 비난할 필요는 없다. 이 둘은 먹이 사슬의 관계이기 때문이다. 서로 먹고 먹히는 관계가 잔인하지만 자연의 법칙이기 때문에 어쩔 수 없다. 대신 동물들은 필요 이상으로 생명을 죽이지 않는다. 자기가 필요한 만큼만 소비한다. 꼭 필요하지도 않으면서 함부로 생명을 죽이는 인간들이 동물에게 배워야 할 점이다.

③번 글이 알차다고 느껴진다. 단순히 글이 길기 때문은 아니다. ①, ②, ③의 차이점은 무엇일까? ①은 담백한 글이다. 글쓴이의 생각이 들어 있지 않은 사실만 나열한 글이다. 그런데 ②는 ①의 글에 느낌을 섞었다. 하지만 그뿐이다. 길이는 길지만 문장의 개수에는 크게 변화가 없다.

반면 ③은 생각을 담은 문장이 여러 개 추가되었다. 이 문장들은 글의 흐름상 자연스럽게 떠오른 생각이지, 일부러 끼워 넣은 것이 아니다. 그런데 겉으로 보기에는 내용 사이에 느낌을 끼워 넣은 것처럼 보이기 때문에, 아이에게 "독후감은 내용 사이사이에 느낌을 끼워넣으면 돼"라고 설명하기도 한다. 이것은 독후감 쓰기를 지나치게 단순화하여 설명한 것이다. 이렇게 가르치면 아이들은 글의 흐름에 방해가 되는데도 억지로 생각을 짜내어 글 사이에 집어넣게 된다.

③의 글은 ①과 ②의 글에서는 볼 수 없었던 '함부로 생명을 죽이는 인간들이 동물에게 배워야 할' 것이라는 글쓴이의 주장이 담겨 있다. 단순히 책을 읽었다는 사실에 중점을 둔 ①, ②의 글과 달리 ③의 글은 책을 통해 깨닫고 배운 것이 있음을 드러냈다. ③의 글이 더 알찬 느낌이 드는 것은 당연하다.

독후감에 느낌을 쓰라는 말은 '책이 너의 마음을 흔들었다면 그것이 무엇인지, 또 그것을 통해 어떤 점을 느꼈는지, 무엇을 배웠는지 자세히 서술하라'는 의미이다. 책을 읽고 '이것을 알게 되었다'가 아니라 '책이 나에게 어떤 울림을 주었는지'를 쓰는 것이다. 만약 울림이 없는 글이라면 왜 그런지 추측해보고, 책의 아쉬운 점을 느낀 대로 적으면 된다. 물론 그러기 위해서는 자신의 마음을 잘 들여다볼 수 있어야 한다. 이러한 연습이 되지 않으면, 독후감을 쓸 때 느낌을 쓰기가 어렵다.

억지로 짜내는 생각에는 깊이가 없다. 글의 분량이라는 압박에서 벗어나자. 책을 읽은 후 마음에 어떤 울림이 있었는지를 먼저 살피게 한 다음에 글로 표현하도록 하자. 그러면 느낌을 짜내지 않아도 생각을 술술 써내려 갈 수 있다.

 **여러 형식으로 독후감 쓰는 이유는 무엇일까? 그리고 어떤 효과를 얻을 수 있나?**

독후감은 다음과 같이 다양한 형태로 쓸 수 있다.

이야기를 변형하는 형태	글의 형식에 형태 변화를 주는 형태	자유롭게 기록하는 형태
이야기 중심으로 쓰기	주인공에게 편지 쓰기	감상화(그리기)로 남기기
인상적인 부분을 강조하여 쓰기	이야기를 시로 써보기	독서 퀴즈하기
내 경험을 빗대어 쓰기	소개글로 써보기	마인드맵으로 연상하기
뒷이야기 상상하기	등장인물과 인터뷰하기	만화로 꾸미기
이야기 바꾸어 쓰기	책 광고 만들기	책 표지 만들어보기

독후감을 쓰는 목적은 무엇일까?

첫째, 책 내용을 짚어보며 감동을 되살리기 위해서이다.

둘째, 책에 대한 감상을 오래 간직하기 위해서이다.

셋째, 책을 통해 생각의 힘을 키우기 위해서이다.

독서기록장은 일기처럼 개인의 독서 내역과 감상을 기록하는 공간이다. 책을 통해 얻은 감상을 오래 간직하고 생각의 힘을 키울 수 있다면 어떤 방법이라도 상관없다. 반드시 문학적 완결성을 지닐 필요는 없다. 정해진 규칙 없이 자유롭게 쓰면 된다.

이러한 방법은 주로 저학년 단계에서 사용한다. 지나치게 부담스러운 독후활동이 저학년에게 책에 대한 거부감을 심어줄 수 있기 때문이다. 저학년이라면 독후활동을 하며 자유롭게 감상을 되살리는 기회를 갖게 해주는 정도가 좋다. 물론 이것은 기초적인 독후활동에 지나지 않는다. 독서의 수준을 높이려면 그에 어울리는 독서감상문을 쓸 수 있어야 한다.

Q5 잘 쓴 독후감은 어떤 것인가?

독후감과 독서감상문을 나누어 설명해보자.

독후감의 경우에는 독서 후 느낀 생각이나 감동을 솔직하게 적었다면 그것만으로도 잘 쓴 독후감이다. 독서 후 감상을 오래 간직하고 생각의 힘을 키운다는 목적에 충실하면 된다.

반면 독서감상문은 다소 까다로운 기준을 통과해야 한다. 독서감상문은 한 편의 완성된 문학으로서 중심 생각이 뚜렷하고 전개가 타당해야 한다. 단순한 감상문의 범위를 넘어 생각을 논리적으로 정리하고 책을 비평할 수 있는 수준이 되어야 한다.

독후감을 많이 쓴다고 자연스럽게 독서감상문도 잘 쓰는 것은 아니다. 독후감을 통해 생각의 힘을 키웠다면, 서서히 난이도를 높여 완결된 독서감상문을 쓸 수 있도록 연습해야 한다. 그러기 위해서는 우선 생각을 논리적으로 펼칠 수 있는 연습을 하고, 그에 어울리는 글쓰기 방법을 익혀야 한다. 그 방법은 다음 단락에서 알아본다.

Q6 **독후감 쓰기에도 순서가 있나?**

독후감 쓰기를 도와주는 책에는 독후감 쓰기에도 순서가 있다고 말한다. 처음에는 책을 읽은 동기를, 가운데는 줄거리를, 끝에는 느낌이나 깨달은 점을 적으라고 한다. 그런데 독후감은 감동을 간직하는 글이기 때문에 형식이 없다. 따라서 독후감 쓰기에는 순서가 없다. 독후감 쓰는 방법은 다양하므로 어떤 순서에 따라 쓴다는 것은 불가능하다.

그렇지만 독서감상문은 다르다. 독서감상문은 책에 대한 감상을 완결된 형태의 글로 적어야 하기 때문에 구조적으로 체계를 갖춰야 한다. 그러자면 반드시 개요표를 작성하여 어떤 글을 쓸지 생각해보아야 한다. 개요는 주장하는 글이나 논술문에만 필요한 것이 아니다. 모든 글에서 필요하다. 개요는 글이 산만해지는 것을 차단하여 균형을 잡아준다. 또한 생각을 논리적으로 펼칠 수 있게끔 도와준다.

아이들의 독서감상문은 주로 처음, 가운데, 끝의 3단 구성으로 이루어진다. 독서 과정이나 후에 얻은 다양한 생각이나 느낌을 정리해 개요표를 짜서 글을 쓰게 하자.

Q7 **독후감을 원고지에 쓰면 더 잘 써지나?**

독서감상문을 원고지에 쓰는 경우가 종종 있다. 중·고등학교에서는 '1200자 이상, 1500자 이내'처럼 글자 수를 정하여 쓰기도 한다. 그런데 독서감상문을 원고지에 쓰려면 좀 더 전문적인 학습이 필요하다. 먼저 원고지 양식에 대한 이해가 필요하며, 글의 분량에 대한 개념이 서야 한다. 저학년일수록 원고지를 사용해 독서감상문을 쓰게 하면 몹시 어려워한다.

원고지에 글을 쓰면 글자를 바르게 써서 읽기에 편하고, 맞춤법이나 문장부호와 같은 글의 형식적인 부분에도 신경을 쓰게 된다. 또한 글을 다듬고 교정하는 데도 용이하다. 그래서 교사의 지도를 받는 경우 원고지를 사용한다. 그리고 원고지는 칸으로 나뉘어 있기 때문에 글의 분량을 쉽게 가늠하고 조절할 수 있다. 책을 출판하기 위하여 수정하고 편집하는 데에도 원고지 쓰기가 용이하다.

이렇듯 원고지 쓰기는 글의 형식적인 부분의 공부가 필요한 경우, 글을 평가하거나 점수로 환산해야 할 경우, 책을 출판하거나 인쇄물의 형태로 제작하는 경우에 필요하다. 생각의 문을 열기 위해서 원고지를 쓰는 것이 아니다. 생각이 일목요연하게 정리되어 있을 때, 비로소 원고지라는 틀 안에 넣는 것이다. 원고지에 바로 글을 쓰게 되면 오히려 생각이 경직되어 글쓰기가 힘들어진다.

논리적 자기표현 교육으로 얻을 수 있는 것

2000년 초반만 하더라도 책은 읽는 것일 뿐 그것을 자기화하려는 노력이 부족했다. 그런데 지금은 그때와 비교할 수 없을 정도로 독후활동에 대한 인식이 높아졌고, 프로그램도 다양하게 개발되었다. 덕분에 요즘엔 책을 즐기고 좋아하는 아이들이 많이 늘었다.

하지만 독후활동이 독서보다 비중이 커져서는 안 된다. 그럴 경우, 이에 대한 부담으로 아이들이 오히려 책을 멀리할 수 있다. 또 책을 잘 읽었는지 확인하는 수단으로 독후활동을 이용하면 점차 책이 싫어진다. 실제로 요즘은 지나친 독후활동이 진지한 독서를 방해하는 지경에 이르렀다. 그래서 일부에서는 아이들에게 온전히 책만 읽고 아무것도 하지 않을 권리를 주어야 한다고 주장한다. 다시 말하지만, 독후활동보다 우선해야 할 것은 진지한 책 읽기이다. 책 읽기가 제대로 돼야 독후활동도 잘할 수 있다. 도서관에 책 읽는 아이보다 독후감 쓰는 아이들이 많아지는 건 바람직하지 않다. 독후활동은 감동을 이어보고, 감상을 정리하는 선에서 하는 것이 좋다.

독후감이나 독서감상문은 독후활동의 한 갈래이다. 취학 이전의 아이들은 놀이를 통해, 초등학교 저학년은 만들기나 쓰기를 통해 독후활동을 한다. 이보다 독서 수준이 높은 아이들은 독후감이나 독서감상문을 쓰며 독후활동을 한다.

독서감상문은 놀이나 만들기, 단순한 느낌을 적는 독후활동들과 맥을 같이하지만 성격은 매우 다르다. 흥미 유발이나 감동을 간직한다는 개념보다 생각의 폭을 넓힌다는 개념에 더 집중하기 때문이다. 특히 독서감상문은 책에 대한 종합적 이해와 감상, 비평을 적기 때문에 글쓰기 실력과도 연관이 있다.

그래서 독서감상문을 쓰면 독서를 통한 문제해결 능력, 비판적 사고력을 키울 수 있다. 다른 독후활동은 특별한 지식 없이도 가능하지만 독서감상문의 경우에는 그렇지 않다. '독서에 대한 흥미 끌기'와 '감상을 간직한다'는 의미의 독후활동만으로는 논리적이고, 비판적인 독서 능력을 키울 수 없다. 오로지 쓰기에 관한 체계적인 학습과 연습을 통해 독서감상문을 써야 논리력이 향상되고, 창의적 사고력과 이해력, 글쓰기 실력이 늘어난다. 즉, 책 읽기의 단계 중 '추론하기'와 '통합적 읽기 단계'에 오르기 위해서는 논리적 자기표현 교육이 반드시 이루어져야 한다. 이것이 바로 독서감상문 쓰기이다.

그렇다고 읽은 책을 모두 독서감상문으로 쓸 필요는 없다. 아이의 생각에 커다란 파장을 일으키거나 깨달음을 준 특별한 책을 독서감상문으로 남기도록 지도해보자. 연습 없이 숙달되는 일은 숨쉬기와 하품하기 말고는 없다. 밥을 숟가락으로 뜨는 일조차도 연습을 해야 밥알을 흘리지 않는다. 무엇이든 경험의 횟수가 늘어야 실력이 향상된다. 독서감상문도 많이 써야 실력이 는다.

tip 독서감상문을 쓰면

- 체계적이고 바른 독서를 돕는다.
- 책에 대한 안목이 넓어진다.
- 지식과 이해가 깊어진다.
- 책에 대한 감동과 생각을 논리적으로 정리할 수 있다.
- 올바른 사고와 비판적 독서 태도를 갖게 된다.

반드시 내 경험과 비교해보자

아무런 느낌이 없다고?

전문가들이 영화나 연극, 음악이나 미술의 감상문을 쓸 때 어떻게 쓰는지 생각해보자. 영화나 연극의 줄거리를 한가득 적어 놓고 그냥 '재미있었다'라고 쓰지는 않는다. 연주한 음악의 제목이나 전시한 미술작품을 순서대로 나열하고 '즐거웠다'라고 쓰지도 않는다. 만약 그들이 이런 감상문을 쓴다면 독자들은 참 한심하다고 생각할 것이다. 특히 영화나 연극의 경우, 줄거리를 꼼꼼하게 쓰면 스포일러를 제공하는 꼴이 되어 미관람자의 흥미를 떨어뜨린다. 그래서 영화나 연극 평론가들은 결말에 대한 언급보다 감상과 평을 주로 쓴다. 음악이나 미술의 경우에도 작품 목록을 전부 나열하기보다 공연에 대한 전반적인 느낌이나 주요 작품 위주로 서술한다.

영화나 연극, 음악이나 미술의 감상문은 철저하게 개인적인 감상을 주관적인 입장에서 쓴다. '평론가들은 악평했지만 나는 좋았다'라든가, '평은 좋았는데 막상 보니 별로였다'라는 등 다른 사람의 의견을 따르지 않고 주관적인 감상을 스스럼없이 적는다. 게다가 해당 작품

뿐만 아니라 같은 작가의 다른 작품이나 스타일에 관한 이야기도 쓴다. 부족했던 점은 무엇이고, 마음이 끌렸던 점은 무엇인지, 그리고 작품의 여러 가지 상징이나 문화적인 측면, 사회적인 가치도 살펴본다.

그런데 같은 종류의 감상문인 독서감상문은 어떤가? 소설은 영화나 연극과 전달 방식만 다를 뿐 코드는 같다. 실제로 소설이 영화나 연극으로 만들어지기도 한다. 그런데 유독 독서감상문 쓰기를 어려워하는 사람이 많다. 어떤 규칙을 따라야 할 것 같은 부담이 있다. 심지어는 책에 대한 느낌을 어떻게 써야 할지 모르겠다는 사람도 있다.

지금 아이가 빵집 앞을 지나고 있다. 진열창 안쪽에는 방금 구운 빵이 가득하다. 아이는 자기가 가장 좋아하는 빵을 본다. 아이는 어떤 생각을 할까?

❶ 저기 빵이 있구나.

❷ 아, 내가 좋아하는 빵이네!

❸ 와, 먹고 싶다!

사람들은 어떤 사실이나 현상을 보면 생각을 한다. 이 생각 속에 느낌이 들어 있다. 느낌은 현상이나 상태를 그대로 표현하는 것이 아니라 그것에 어떤 판단을 내리는 것이다. 위 세 문장은 모두 머릿속에서 떠오른 생각이다. 이 가운데 느낌은 어느 것일까? ③번이다.

두 사람이 싸우는 장면을 본다. 어떤 느낌이 들까? 무섭다? 걱정된다? 안타깝다? 그렇다면 아무 특징도 없는 평범한 돌을 본다. 어떤 느낌이 들까? 당연히 느낌이 없을 것이다. 왜냐하면 감흥이 없기 때문이다. 맛있는 빵이나 싸우는 장면은 아이의 마음에 어떤 자극을 주는데 평범한 돌멩이는 그렇지 못하다.

아이가 책을 읽는다. 책을 다 읽은 아이에게 어떤 느낌이 들었느냐고 묻는다. "없어." 아이의 대답이다. 아이는 뇌가 없는 걸까? 아니면 생각을 못 하는 걸까? 어떻게 책을 읽고 아무런 생각도 떠오르지 않는 걸까? 그럼 이런 대답은 어떨까? "재미있었어." 혹은 "좋았어." 혹은 "그냥 그래."

책을 읽은 아이가 아무런 느낌도 들지 않았다면 다음 두 가지 경우에 해당된다.

첫 번째, 책이 아이에게 어떤 감흥도 주지 못했을 경우이다. 마치 평범한 돌을 보았을 때처럼. 두 번째, 어떤 느낌은 들었지만 표현하는 방법을 모르는 경우이다. "재미있었어"나 "좋았어"라는 반응을 보이는 경우에 해당된다. 뭔가 있기는 한데 표현 방법을 몰라서 이렇게 답한 것이다.

짧긴 하지만 '좋았어'라는 한마디라도 한다면 그나마 다행이다. 아무 느낌이 없다는 것은 독서에 문제가 있다는 의미이다. 많은 사람들이 감동을 느끼는 이야기를 돌멩이 바라보듯 무미건조하게 보았다면, 이것은 감상문을 쓸 수 있느냐 없느냐의 문제를 떠나 독서라는 근본적인 행위에 문제가 있다는 이야기이다. 그럼 왜 책을 읽어도 감동이 없는 걸까? 그것은 책에 감정이입이 되지 않았기 때문이다. 책을 대충 읽거나, 이미 알고 있는 이야기이거나, 아이의 눈높이로 이해가 불가능한 이야기이거나, 감정이 메말랐기 때문이다. 아이의 상태를 잘 살펴보고 가슴으로 읽을 수 있도록 도와주자. 여기에서는 독서 이후, 느낌을 쓰는 방법에 대해서만 알아본다.

독서감상문을 쓸 때 아이들이 가장 힘들어하는 것이 바로 느낌 쓰기이다. 느낌이 뭔지도 모르겠고, 또 뭔가 있기는 한데 자세히 표현하기가 힘든 아이들이 많다. 그런데 독서감상문에는 꼭 느낌을 많이 쓰라고 한다. 아이는 한숨만 쉰다. 어떤 친구는 술술 잘만 쓰는데 나는 왜 이럴까? 고민하는 아이들이 많다. 그 해결 방법을 찾아보자.

먼저 느낌을 표현하는 방법을 살펴본다.

『화요일의 두꺼비』를 읽은 아이들의 대답
①놀랍다. ②다행이다. ③말이 안 된다. ④재미있다.
아이의 느낌에 선뜻 공감이 가지 않는다. 그럼 다음은 어떤가?

❶두꺼비와 올빼미가 친구가 되다니 **놀랍다**.

❷두꺼비가 잡아먹힐 줄 알았는데 살아나다니 **다행이다**.

❸서로 천적인데 올빼미가 두꺼비를 친구로 받아들이는 건 **말이 안 된다**.

❹여우에게 잡힌 올빼미를 두꺼비가 구해주는 장면이 **재미있다**.

이렇게 쓰니 아이의 생각이 읽힌다. 왜? 어떻게?라는 의문에 답을 생각하며 이야기를 확장했기 때문이다. 어떤 느낌이 들었다면 반드시 이유가 있다. '빵이 먹고 싶다'라고 생각했다면 '내가 평소에 좋아하던 빵이니까, 냄새가 좋아서, 너무 배가 고파서'라는 이유가 있기 마련이다. 그 이유를 느낌과 함께 적은 것이 바로 생각이다.

책을 읽으면서 주인공의 행동이나 사건 등에 대해 어떤 생각이 들고, 그에 대한 판단이 생기는데 그것이 바로 느낌이다. 이 느낌을 중심으로 이야기를 펼치는 것이 독서감상문이다. 그런데 이런 느낌만으로 독서감상문을 쓰기에는 뭔가 부족하다. 느낌 하나만으로 감상문을 끝까지 이어가기가 힘들다. 다른 무언가가 더 있어야 한다. 이럴 땐 자신의 경험을 덧대어본다. 주인공과 비슷한 아이의 경험을 이끌어낸다. 그리고 두 이야기의 공통점과 차이점을 생각해보게 한다. 마지막으로 이를 통해 깨달은 점이나 새로 얻은 지혜 등도 적어보도록 하자.

독서감상문은 감상, 즉 느낌이 주가 되는 글이다. 하지만 그 느낌이라는 것이 꼭 어떤 감정을 말하는 것은 아니다. 핵심이 되는 느낌을 중심으로 다양한 생각과 의견을 쓰라는 말이다. 그러자면 책에 나오는 이야기 하나에만 집중하지 말고 다양한 각도에서 생각해보아야 한다.

책은 인간의 삶을 이야기한다. 책에 나오는 내용이 자신의 삶과 밀접한 관련이 있을 때, 쉽게 감정이입이 되면서 감동을 느낀다. 아이의 마음에 큰 울림을 준 책이라면 분명히 그 속에 아이의 모습이 담겨 있다. 그것을 찾아내 드러내도록 한다. 그러면 그 안에서 반드시 어떤 깨달음을 얻을 수 있다.

독서감상문 쓰기 클리닉

우리 아이는 어떤 단계일까?

다음의 점검하기를 확인하고, 알맞은 단계에서 시작하자!

0~4개: 1단계(기초 단계) **5~8개:** 2단계(성장 단계) **9~12개:** 3단계(고급 단계)

☐ 책 읽기를 즐거워한다.

☐ 책을 읽고 다른 사람에게 그 내용을 들려줄 수 있다.

☐ 책을 읽으면 감정이입이 잘된다.

☐ 이야기와 비슷한 자신의 경험을 찾아낼 수 있다.

☐ 책에 대한 느낌을 말하는 것을 어려워하지 않는다.

☐ 책을 읽고 나서 뒷이야기를 상상할 수 있다.

☐ 책을 읽고 나서 주제를 찾아낼 수 있다.

☐ 글을 쓸 때 개요표를 짠다.

☐ 사건의 원인과 결과를 논리적으로 유추해낸다.

☐ 책을 읽을 때 머리말이나 작가의 말도 읽는다.

☐ 책을 읽고 과거에 읽은 비슷한 내용의 책을 기억해낼 수 있다.

☐ 신문을 자주 읽는다.

　이 단계의 아이들은 감상문보다는 즐겁게 책을 읽고 다음과 같이 다양한 방법으로 감상을 표현해보는 독후활동이 필요하다.

이야기를 변형하는 형태	글의 형식에 형태 변화를 주는 형태	자유롭게 기록하는 형태
이야기 중심으로 쓰기	주인공에게 편지 쓰기	감상화(그리기)로 남기기
인상적인 부분을 강조하여 쓰기	이야기를 시로 써보기	독서 퀴즈하기
내 경험을 빗대어 쓰기	소개글로 써보기	마인드맵으로 연상하기
뒷이야기 상상하기	등장인물과 인터뷰하기	만화로 꾸미기
이야기 바꾸어 쓰기	책 광고 만들기	책 표지 만들어보기

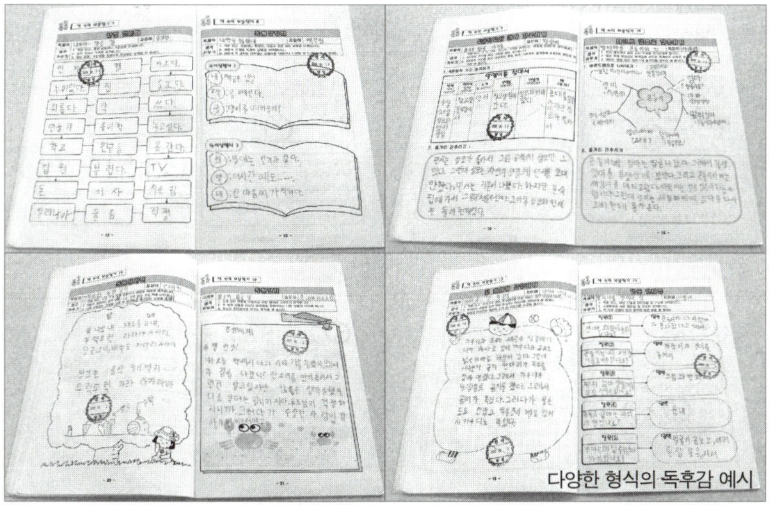

다양한 형식의 독후감 예시

이 단계에서는 책에 대한 생각을 어떻게 한 편의 글로 쓸 것인가가 중요하다. 미하엘 엔데의 『마법의 설탕 두 조각』(소년한길사 펴냄)을 통해 구체적인 방법을 알아본다.

『마법의 설탕 두 조각』의 주인공 렝켄은 부모님의 잔소리만 없다면 행복할 거라고 생각한다. 렝켄은 요정(마법사)에게 얻은 마법의 설탕으로 부모님을 작게 만든다. 부모님과 입장이 바뀐 렝켄은 잔소리 없는 집에서 마음대로 산다. 하지만 결국 자신은 부모님의 보살핌이 필요하다는 것을 깨닫는다.

책을 읽은 후, 가장 인상 깊었던 사건이나 장면을 떠올려본다.

　　렝켄이 어른처럼 작아진 아빠 엄마에게 명령하고 자기 마음대로 한 부분이 재미있었어요.

'재미있다'는 표현보다 좀더 구체적인 표현을 찾아보자. 그리고 왜 그 부분이 재미있었는지 생각해본다.

　　어른들은 맨날 아이들에게 이래라 저래라 하는데 그게 얼마나 짜증나는데요. 어른들은 아이들이 얼마나 짜증나는지 모를 거예요. 우리들의 입장이 되어봐야 안다니까요? 렝켄 부모님도 아이에게 잔소리를 들으니까 투덜대잖아요. 어른인데도 그러니 우리는 얼마나 괴롭겠어요? 완전 통쾌해요.

이번에는 책을 넘겨보며 재미있었거나 인상적인 사건, 장면 등을 찾아보게 한다.

책을 읽는 중간중간 아이는 어떤 생각과 느낌을 갖게 된다. 책 속의 소소한 이야깃거리에 재미를 느끼는 것이다. 책을 덮었을 때는 생각이 잘 나지 않다가도 다시 책을 살펴보게 하면 떠오를 것이다. 이것을 순서대로 정리해본다.

❶ 요정의 집 안에 호수가 있어서 신기했다.

❷ 요정의 집에 있는 시계의 숫자가 모두 12시인 게 신기했다.

❸ 요정의 손가락이 6개라는 게 놀라웠다.

❹ 아빠 엄마가 작아지는 장면이 재미있었다.

❺ 렝켄이 손가락을 다쳐서 걱정됐다.

❻ 엄마 아빠가 고양이에게 공격당할 때는 걱정됐다.

❼ 다시 찾아간 요정의 집 호수가 얼어있어서 신기했다.

❽ 아빠 엄마는 원래대로 돌아왔지만 대신 렝켄이 마법에 걸린 것이 걱정됐다.

❾ 렝켄과 부모님이 다시 화목해질 수 있어서 다행이다.

위 느낌들 중 ①②③⑦ 네 가지는 모두 요정과 관련된 이야기이고, 나머지 다섯 가지는 렝켄과 부모님에 관한 이야기이다. 요정 관련 이

야기는 요정의 집과 외모에 관한 느낌이 주를 이루고, 나머지 이야기
는 렝켄과 부모님을 걱정하는 내용이다.

사실 앞에서 가장 인상 깊었던 부분은 ④번과 관련이 있다. 역지사
지의 입장에서 아이는 부모도 아이의 입장이 되어 보아야 한다고 생
각했다.

그런데 이렇게 자세히 살펴보기를 하니 꼭 그 점만 인상적이었던
것이 아니다. 우선 요정에 관해 상당한 호기심을 보이고 있고, 엉뚱한
마법 때문에 결국 렝켄과 부모님이 위험에 빠지는 모습을 보며 안타
까워한다. 그리고 결국 모두 행복한 시간으로 돌아올 수 있었던 것에
대해 감사한다.

따라서 이 책에 관한 독서감상문은 크게 요정에 관한 이야기와 부
모님의 변신으로 겪게 되는 사건이 중심이다. 만약 처음 생각대로 부
모님이 골탕을 먹는 모습만 쓰려고 했다면 아마 느낌을 쓰기가 어려
웠을 것이다.

부모님도 아이들이 되어 보세요.

『마법의 설탕 두 조각』을 읽고

어른들은 항상 아이들에게 이래라 저래라 한다. 그럴 때마다 아이들이 얼마나
짜증나는지 어른들은 모른다. 어른들이 아이들의 입장이 되어보면 알까?

부모님의 잔소리에 불만이 많던 렝켄은 요정을 찾아가 부모님을 작게 만들어

달라고 한다. 렝켄은 소원을 이룬다. 렝켄이 작아진 부모님에게 명령하는 모습은 완전 통쾌하다. 렝켄의 부모님은 자신도 잔소리를 했으면서 반대로 아이의 잔소리를 듣고 투덜댄다. 말을 안 들으면 성냥개비처럼 작아져 나중에는 먼지가 되는데도 계속 말을 안 듣는다. 어른인데도 그러니 아이들은 얼마나 괴로울까 생각해 봤나? 부모님도 아이들의 입장에서 생각해 보아야 한다. 무조건 안 된다고만 하지 말고 왜 그런지 생각을 해줘야 한다.

하지만 이렇게 마법을 이용해 부모님을 작아지게 만드는 건 문제가 있다. 이야기처럼 부모님이 점점 작아져 정말 먼지가 되어 사라지면 어떡하나. 뭐 이야기이니까 가능하겠지만 실제로 일어난다면 위험한 일이다. 대신 가족끼리 '야자타임'을 갖거나 '역할 바꾸기' 등을 통해 서로의 입장이 되어 보는 것도 좋을 것 같다. 그러면 부모님이 우리들의 마음을 이해하는 데 도움이 되지 않을까?

tip 인상 깊었던 부분을 정리하여 독서감상문을 쓰면

- 책의 내용을 꼼꼼하게 다시 살펴보는 기회를 갖게 된다.
- 자신이 어떤 이야기에 재미를 느끼는지 알 수 있다.
- 책을 통해 가졌던 생각의 흐름을 읽을 수 있다.
- 한 가지 주제로 감상문을 쓸 수 있게 된다.

▶ 독서 후 가장 인상 깊었던 사건이나 장면을 생각해본다.

▶ 왜 그 사건이나 장면이 인상 깊었는지 이유를 생각해본다.

▶ 이번에는 책을 살펴보면서 재미있거나 기억에 남는 부분을 찾아본다.

▶ 인상적인 부분을 순서대로 간단한 느낌과 함께 적는다.

▶ 적은 것을 보고 같은 종류의 이야기끼리 묶는다.

▶ 아이가 그 책을 통해 무엇 때문에 즐거웠는지 생각해본다.

▶ 새로 얻게 된 생각이나 깨달음을 생각해본다.

▶ 아이가 책에서 가장 즐거웠던 부분과 함께 새로이 얻은 생각이나
깨달음을 중심으로 독서감상문을 쓴다.

3단계   이야기를 확장하는 방법

시간이 필요해요

『좋은 엄마 학원』을 읽고

어른들은 아이가 학원만 가면 똑똑해질 거라고 생각한다. 그런데 좋은 엄마를 만들어준다는 학원에 다녀온 다정이 엄마를 보라. 얼마나 재미없으면 다시는 가고 싶지 않다고 할까? 어른들은 아이가 바르고 똑똑한 사람이 되라고 학원에 보내는 거라고 하지만 학원이 얼마나 재미없는 곳인지 모른다.

'학원대장' 책에 나오는 민기도 학원 때문에 집을 나간다. 민기는 별명이 '학원대장'일 정도로 학원을 많이 다닌다. 방학이 되어도 놀 시간이 없는 민기는 어느 날 무작정 할아버지 집으로 가 버린다. 얼마나 힘들었으면 말도 없이 집을 나갈까…… . 나도 가끔은 다정이처럼 우리 엄마를 학원에 보내거나, 민기처럼 집을 나가고 싶다.

정말 학원에 가야 할 사람은 엄마들이다. 친구랑 비교하고, 늘 공부, 공부, 그놈의 공부만 중요하게 생각하기 때문이다. 엄마도 청소 안하고, 밥하기 귀찮아하면서 우리보고 방청소도 하고 숙제도 열심히 하라고 한다. 엄마들도 자신의 일을 잘 못하면 학원에 가서 배워야 한다. 그런데 재미없는 학원은 아이들만 다닌다. 공평하지 않다.

어른들은 어릴 적 냇가에서 물장구치고 소꿉놀이 하던 추억이 있다. 하지만 우리는 자라서 자식들에게 말해줄 추억이 없다. 학원만 다녔으니까. 학원만 가면 뭐든 다 잘 할 거라는 생각은 잘못이다. 다정이 엄마가 학원 갔다 와서 로봇처럼 되었듯, 우리도 학원만 다니면 문제 푸는 로봇이 될 수 있다. 어른들은 우리를 로봇이 되라고 학원에 보내는 건 아닐 거다. 우리는 시간이 필요하다. 공부도 하지만 신나게 놀 시간도 필요하다. 나중에 다정이와 엄마가 진지한 대화를 나누고 서로의 마음을 이해했듯, 부모들은 아이들과 대화를 나누어 우리의 마음을 이해해줄 필요가 있다.

김녹두의 『좋은 엄마 학원』(문학동네 펴냄)을 읽고 쓴 독서감상문이다. 학원이 아이들을 로봇으로 만든다는 주장을 담은 감상문이다. 성장 단계의 독서감상문보다 길이도 길고 내용도 풍성하다.

2단계의 아이들이 한 권의 책을 읽고 그 책을 중심으로 감상문을 썼다면, 고급 단계인 3단계에서는 중심이 되는 책(『좋은 엄마 학원』)이 있고 그와 비슷한 종류의 다른 책(『학원대장』, 김진섭 지음, 북스마니아 펴냄)을 함께 묶어 감상문을 썼다. 그리고 자신의 경험이나 어른들의 이야기를 예로 드는 등 글이 풍성해졌다.

요즘 독서감상문을 잘 쓴다는 아이들의 글을 보면 거의 한 편의 논문 수준이다. 책은 한 권을 읽었지만 주제와 관련된 다른 책의 사례를 요모조모 살펴보고, 자신의 경험을 비교하며, 이야기에 등장하는 문제나 현상을 사회적인 관점에서 풀어보려는 자세까지 갖고 있다. 단순히 책의 내용 하나만 깊게 살펴보는 감상문으로는 생각의 폭을 넓히는 데 한계가 있긴 하다. 훌륭한 독서감상문을 쓰기 위해서는 여러 종류의 책을 다양하게 읽고, 신문이나 잡지와 같은 매체들을 통해 지식을 습득하며, 꾸준히 쓰는 연습을 해야 한다.

3단계의 아이들은 인상 깊은 부분을 적어보고 어떤 글을 쓸지 주제를 명확히 잡는 것이 중요하다. 그런 다음 독서감상문 쓰기를 시작하게 하자.

❶ 잘난 친구와 비교하는 다정이 엄마가 꼭 우리 엄마 같다.

❷ 좋은 엄마를 만들어준다는 학원이 있다니 우리 엄마도 보내고 싶다.

❸ 엄마가 끌려가는 장면이 재미있었지만 걱정도 되었다.

❹ 집에 돌아온 엄마가 로봇같이 행동하는 모습이 낯설었다.

❺ 서로의 입장을 말하고 들어주는 장면이 이상 깊었다.

❻ 마지막에 '좋은 아빠 학원' 광고지는 뭘까 궁금하다.

①②④⑤의 감상을 이용해 '학원이 아이들을 힘들게 하니까 아이의 입장에서 대화하고 생각해 주자'는 중심 생각을 잡는다.

다음은 아이에게 있었던 경험을 떠올리게 한다. 주인공과 같은 심정이거나 비슷한 경험을 떠올리게 하는 것이다. 그리고 아이의 이야기와 책 속의 이야기는 어떤 공통점과 차이점이 있는지도 생각해보게 한다. 경험이 없다고 걱정할 필요는 없다. 비슷한 고민과 사건을 다룬 다른 책이나 이야기를 찾아보면 된다. 만약 이것도 없다면 이와 관련된 신문기사나 뉴스를 찾아보게 하거나 부모의 경험을 들려주자.

다양한 이야기 거리를 찾았으면 개요표를 작성한다. 처음에는 어떤 이야기를 넣을지, 어떻게 이야기를 풀어나갈지, 끝부분은 어떻게 마무리를 지을지 생각해 보며 개요를 짜게 한다.

처음　· 학원 다니느라 힘든 아이들의 이야기

　　　· 학원에 다녀온 다정이 엄마의 이야기

　　　· 학원이 싫어 집을 나간 '학원대장'의 민기 이야기

　　　· 나의 경험

가운데 · 좋은 엄마로 만들어주는 학원 이야기

· 어른과 아이가 공평하게 하려면?

끝 · 추억이 있는 어른들 이야기

· 학원 때문에 추억이 없는 아이들 이야기

· 대화의 필요성

개요표를 토대로 글을 쓴 다음, 글을 다듬는다.

point_ **3단계는 아이의 경험과 비교하기**

▶ 책을 살펴보며 인상적이거나 재미있던 부분을 순서대로 적어본다.
▶ 중심 생각을 잡는다.
▶ 아이의 경험을 떠올리게 한다.
▶ 책 속의 이야기와 아이의 경험을 비교해 보고 공통점과 차이점을
　생각해본다.
▶ 비슷한 내용의 다른 책을 읽은 적이 있는지 기억해본다.
▶ TV나 신문에서 관련된 이야기를 본 적이 있는지 생각해본다.
▶ 자료 조사가 끝나면 개요표를 작성한다.
▶ 개요표를 중심으로 이야기를 전개해본다.
▶ 글을 쓴 다음에는 다시 한 번 살펴보면서 글을 다듬는다.

그러나 위의 사례는 하나의 예일 뿐이다. 모든 독서감상문에 이러한 내용을 담아야 한다는 의미는 아니다. 그런데도 쓰기 과정을 살펴보는 이유는 무엇일까? 사고를 확장하는 방법이 책 한 권을 깊이 읽는 것만으로는 안 된다는 사실을 말하기 위해서이다. 책은 생각을 펼치는 돋보기일 뿐 그 돋보기로 어떤 것을 볼지는 스스로 선택해야 한다. 물론 되도록 많은 것을 보아야 한다는 것, 그리고 그것들의 공통점과 차이점을 통해 주제를 드러내야 한다는 것은 분명하다.

Part3 핵심 없는 설명문,
목적 없는 관찰기록문은
이제 그만

세상에서 가장 재미없는 글

재미있는 들꽃 이름

제비꽃은 제비가 돌아오는 봄에 핀다고 하여 붙여진 이름입니다. 제비꽃은
산이나 들에서 흔히 볼 수 있는 들꽃입니다. 제비꽃을 맞걸어 꽃싸움을 하기도
합니다. '씨름꽃', '앉은뱅이꽃' 이라고도 부릅니다.

달맞이꽃은 달이 뜰 무렵에 피는 들꽃이라서 붙여진 이름입니다. 달맞이꽃
은 저녁에 피었다가 이튿날 아침에 해가 뜨면 시드는 꽃입니다. 달맞이꽃의 씨
앗은 기름을 만들어 약으로 쓰기도 합니다.

『국어 읽기 1-2』, 교육과학기술부, 27쪽

초등학교 1학년 2학기 국어 읽기책에 나오는 설명문이다. 아파트
화단에서도 쉽게 볼 수 있는 꽃을 설명하는 글이다. 하지만 가을인 2
학기에 봄에 피는 꽃을 배우니 '맞걸어 꽃싸움' 같은 놀이는 상상만

으로 해야 한다.

　대다수의 꽃들이 낮에 피건만 유독 밤에 핀다는 달맞이꽃은 그 독특함에 호기심이 생긴다. 하지만 낮에는 시든 꽃밖에 볼 수 없으니 꼭 보고 싶은 사람은 달이 뜨는 밤에 나가야 한다. 게다가 책에는 소개하지 않았지만 달맞이꽃은 여름꽃이다. 안타깝게도 2학기에 배우는 터라 밤에 나가도 달맞이꽃을 만날 수 없다.

　1학년 아이들은 이 글을 읽고 다음과 같은 문제를 푼다.
❶ 제비꽃의 이름은 어떻게 하여 붙여졌나요?
❷ 달맞이꽃은 하루 중 언제 피나요?

　사진과 설명만으로 어떤 것을 이해하는 데 한계가 있다. 배운 것을 삶에 적용하여 실제로 경험할 때 진짜 지식이 된다. 가을에 볼 수 있는 꽃도 많은데, 아니 꽃이 아니더라도 주위에서 쉽게 볼 수 있는 식물이 많고 많은데, 하필 가을에 볼 수 없는 꽃의 설명문을 2학기 교과서에 실은 이유가 궁금하다.

　국어 교과서에서 아이들이 가장 싫어하는 글이 바로 설명문이다. 앞서 말한 것처럼 현실과 동떨어진 소재 선택과 별로 궁금하지 않은 정보를 싣기 때문이다. 3학년 교과서에는 ‘선물 포장법’이나 ‘청소기 필터 교환법’ 등 설명문이 실려 있다. 초등학교 3학년 아이에게 청소기 필터 교환을 시킬 부모가 있을지 의문이 든다. 게다가 어휘도 어렵다. 3학년 아이들이 실생활에 자주 쓰지 않는 '흡입구,' '본체,' '콘센트,' '플러그'와 같은 어휘가 가득하다. 이런 어려운 낱말은 안 그래도 재미없어하는 설명문을 더 기피하게 만든다.

설명문을 배운 후에는 반드시 내용을 확인하는 문제를 풀도록 하는데, 이 점이 또 아이들이 설명문에 진저리를 치는 이유이다. 3학년 아이들은 '나도 청소 박사'라는 글을 읽고 다음과 같은 문제를 푼다.

'나도 청소 박사'를 다시 읽고 먼지 통 비우는 순서를 정리하여 봅시다.

본체 덮개의 단추를 누른 상태에서 덮개 열기

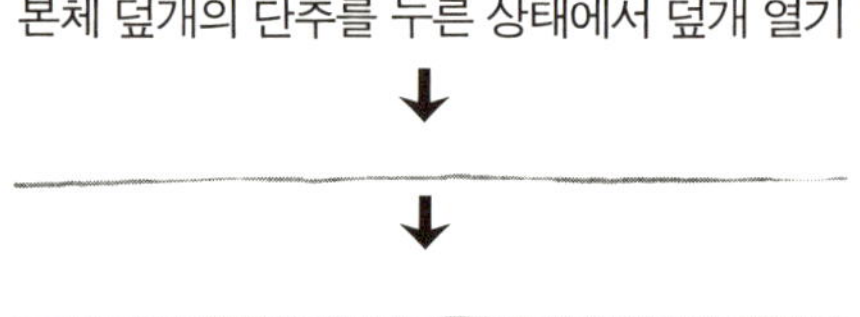

『국어 읽기 3-2』, 교육과학기술부, 70~78쪽

설명문은 지식과 정보를 담은 글이다. 모르는 사실을 알기 위해 읽는 글이다. 따라서 내용을 제대로 이해하려면 집중해서 여러 번 읽는 수고가 필요하다. 관심 있는 주제의 글이라면 모를까, '청소기 필터 교환법' 같은 설명문은 아무리 읽어도 이해가 잘 되지 않는다. 아이들이 설명문 읽는 것을 가장 싫어하는 게 이해가 된다.

그런데 그토록 싫어하는 설명문을 직접 써보라면 놀라운 결과가 나타난다. 아이들이 기대 이상으로 멋진 설명문을 써낸다. 일기나 독서 감상문보다 더 즐겁고 재미있게 설명문을 쓴다.

기름기를 쫙 빼고 쓰자

일상적인 말하기는 크게 자기의 생각이나 의견을 드러내는 것과 사실이나 정보를 전달하는 것으로 나눌 수 있다.

❶ 집에 오는데 어디선가 '쿵' 소리가 나더군요. 차가 가로수를 들이받은 거예요. 사람들이 몰려있는 곳으로 가 보니 차 앞이 찌그러지고, 가로수가 기울어 있더군요. 사고를 낸 운전자는 차 밖으로 나와 전화를 하고 있더라고요. 이 사고를 목격한 사람들의 말로는 강아지를 피하려다가 그랬다는군요. 곧 경찰차가 왔어요.

사고를 목격하고 상황을 설명하는 글이다. 강아지를 피하려던 운전자가 가로수를 들이받았다는 내용이다. 글쓴이의 느낌이나 감정은 들어 있지 않지만 매우 산만하다.

❷ 집에 오는데 어디선가 '쿵' 소리가 나더군요. 사람들이 몰려있는 곳으로 가 보니 차 앞이 찌그러지고, 가로수가 기울어 있더군요. 차가 가로수를 들이받은 거예요. 이 사고를 목격한 사람들의 말로는 강아지를 피하려다가 그랬다는군요. 사고를 낸 운전자는 차 밖으로 나와 전화를 하고 있더라고요. 곧 경찰차가 왔어요.

같은 내용의 글이지만 ①보다 ②가 더 이해하기 쉽다. 왜 그럴까? ①은 자신이 본 장면을 아무 기준 없이 떠오르는 대로 쓴 것이고, ②는 목격자의 동선에 따라 순서를 정하여 적었기 때문이다.

사실이나 정보 전달의 글은 감성을 전달하는 글과 달리 상대방의 이해를 돕는 것이 목적이다. ①처럼 중구난방으로 말하면 전하려는 내용을 온전히 전달할 수 없다. 그리고 무엇보다 읽는 이를 피곤하게 만든다.

아이들은 설명문을 읽으며 지식과 정보를 얻지만, 설명문을 쓰면 효과적으로 설명하는 방법을 익힐 수 있다. 아이들의 글이 산만하다고 탓하기 전에 설명의 방법을 익히도록 도와주어야 한다. 더불어 생각의 덩어리를 어떻게 배치해야 좋은 글이 되는지 글의 구조에 관한 내용도 가르쳐주어야 한다.

이가 없는 동물들

❶우리가 아는 동물은 대부분 이가 있습니다. 동물은 이로 먹이를 잡거나 씹어서 삼킵니다. 그러나 이가 없는 동물도 많이 있습니다. 이가 없는 동물도 저마다 다양한 방법으로 먹이를 먹습니다.

❷부리로 먹이를 먹는 동물이 있습니다. 독수리는 튼튼하고 끝이 갈고리처럼 구부러진 부리로 먹이를 찢어서 먹습니다. 딱따구리는 날카롭고 곧은 부리로 나무에 숨어 있는 곤충을 잡아먹습니다. 또 왜가리는 가느다랗고 긴 부리로 머리를 물에 담그지 않고도 먹이를 잡아먹을 수 있습니다.

❸혀로 먹이를 잡아 삼키는 동물도 있습니다. 카멜레온은 곤봉처럼 생긴 아주 긴 혀를 총처럼 쏘아서 벌레를 잡아 삼킵니다. 개구리와 두꺼비도 카멜레온보다는 짧지만 길고 넓은 혀로 번개처럼 빠르게 벌레를 잡아 삼킵니다. 달팽이는 치설이라고 불리는 강판처럼 까끌까끌하게 생긴 혀로 잎과 꽃을 갉아 먹습

니다. 또, 개미핥기는 *끈끈한* 혀로 흰개미를 핥아 먹습니다.

❹입으로 먹이를 빨아들이거나 물과 함께 마시는 동물도 있습니다. 바다에 사는 해마는 진공청소기처럼 생긴 긴 입으로 아주 작은 동물들을 빨아들입니다. 흰긴수염고래와 같이 고래수염이 있는 고래들은 크릴이라는 작은 새우를 바닷물과 함께 들이마십니다. 그런 다음에 물은 고래수염 사이로 뱉어 내고 크릴만 걸러서 삼킵니다.

❺이가 없는 동물도 저마다 다양한 방법으로 먹이를 먹습니다. 부리로 먹이를 먹거나 혀로 먹이를 잡아 삼키기도 합니다. 또 입으로 먹이를 빨아들이거나 물과 함께 마시는 동물도 있습니다.

『국어 읽기 3-1』, 교육과학기술부, 32~34쪽

3학년 교과서에 실린 '이가 없는 동물들'이란 설명문이다. 쉽고 간결한 내용으로 대상을 구체적으로 설명하고 있다. 이 글은 모두 5개의 단락으로 이루어졌다. 설명문은 처음, 가운데, 끝의 3단 구성이 주를 이룬다. 설명의 대상을 소개하는 처음 부분은 ①, 구체적인 내용을 담은 가운데 부분은 ②③④, 본문의 내용을 요약하고 마무리를 하는 ⑤는 끝부분이다.

'이가 없는 동물들'에서 보듯 설명문은 글의 구조가 명확하다. 글을 쓸 때에도 각 문단의 요지가 정해지면 중간에 다른 내용이 들어가는 경우가 거의 없다. 있다 해도 쉽게 찾아낼 수 있다. 그래서 설명문 쓰기를 하면 체계적인 글을 쓰는 데 도움이 된다.

아이들의 글에서 가장 많이 발견되는 문제점은 단락의 구분이 모호하고, 글이 산만하며, 필요 없는 문장이 자주 보인다는 것이다. 이는 글의 구조에 대한 개념이 없기 때문이다. 일기, 생활문, 편지, 독후감 등 자신의 생각을 담은 개성적인 글쓰기는 주로 문장에 기교를 덧붙여 생각을 표현한다. 상대적으로 글의 구조에 관해서 배울 기회가 적다. 하지만 설명문은 사실만을 쓰기 때문에 문장 쓰기에 대한 부담이 적은 대신 글의 구조를 쉽게 배울 수 있다. 즉, 여러 개의 단락을 배열하여 글에 통일성을 주는 방법을 익힐 수 있다.

설명문은 먼저 무엇을 위해, 어디에 쓰일지를 분명히 하고 써야 한다. 관광 안내가 목적인지, 교육이 목적인지에 따라 글의 구성이나 설명 방법이 달라지기 때문이다. 그리고 독자가 이해하기 쉬운 간결하고 명료한 문장을 사용해야 한다. 어휘가 어렵고, 복잡하거나 긴 문장은 독자의 이해를 떨어뜨린다. 또한 설명문의 목적은 지식과 정보 전달에 있으므로 개인적인 생각이나 의견을 담지 않는다. 설명문은 정확하고 객관적인 사실에 근거하여 쓰는 글이다. 더불어 체계적인 구조까지 갖춘다면 완벽한 설명문이 된다.

tip 설명문의 특징

- 쓰임과 목적이 분명한 글이다.
- 독자가 이해하기 쉽게 쓴다.
- 지나친 수식을 피하고 간결하고 명료한 문장을 사용한다.
- 자신의 생각이나 느낌, 상상, 주장, 비판을 배제한다.
- 정확하고 객관적인 사실에 근거하여 쓴다.
- 쉬운 이해를 위해 체계적인 구조를 갖춘다.

설명문은 읽을 때와 달리 직접 쓸 때에 더 많은 것을 배우게 된다. 설명문은 정보와 지식을 담아야 하므로 글쓴이가 설명하려는 사실에 대해 자세히 모르면 쓸 수 없다. 자신도 모르는 사실을 다른 사람에게 설명하기란 불가능하기 때문이다. 설명문을 쓰기 위해서는 정보를 자세히 파악하고 부족한 내용은 조사해야 한다. 누군가가 알려준 사실이 아니라 자신이 직접 조사하고 찾아보면 더 많은 것을 배우게 된다. 따라서 설명문을 쓰면 사물을 꼼꼼하게 관찰하고 분석하며 이해하는 힘, 즉 관찰 능력과 분석 능력, 글을 이해하는 능력이 자란다.

tip 설명문 쓰기의 학습 효과

- 글의 구조에 관한 개념이 선다.
- 통일성 있는 글을 쓸 수 있게 된다.
- 관찰 능력과 분석 능력, 이해 능력이 향상된다.
- 사실을 정확하고 효과적으로 전달하는 방법을 익히게 된다.

이처럼 설명문은 객관적인 사실에 근거하여 간단명료하게 쓰는 글이다. 글을 통해 감동을 전달하고자 하는 문학적인 글과는 사뭇 다른, 기름을 쪽 뺀 건조하고 명쾌한 글이다. 그래서 다소 딱딱한 느낌이 들지만 이 느낌을 즐긴다면 비로소 설명문의 묘미를 느낄 수 있다.

독자가 이해할 수 있게 구체적으로 설명하기

설명의 여러 가지 방법들

가위

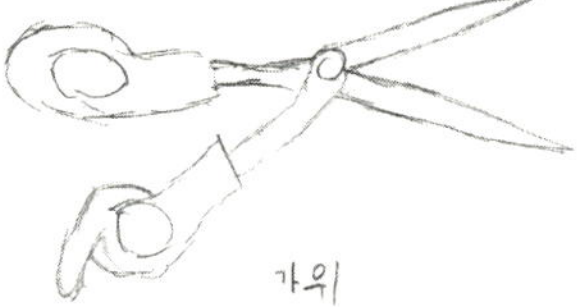

내가 지금부터 가위에 대해 설명해 줄게.

가위는 무언가를 자르기 위해 쓰는 물건이야.

학생들이 종이를 자르거나 만들기 할 때 쓰지. 음식점에서 고기를 자를 때도 써. 떡집 주인은 떡을 자를 때도 쓰고, 미용실에서는 머리를 자를 때도 써. 경비 아저씨는 화단에서 나무를 자를 때 큰 가위를 쓰셔.

가위의 모양은 단검이 서로 엇갈리게 되어 있는 모양이야. 그리고 중간에 붙게 해주는 동그란 것도 있어. 끝에는 손잡이가 있는데 모양은 동그래.

가위를 쓸 때는 동그란 손잡이에 엄지와 검지를 넣어서 벌렸다 오므렸다 하면 잘라져. 철이나 나무 같이 딱딱한 것은 못 잘라. 종이처럼 얇은 것이 잘 잘려. 종이를 자를 때는 '싹둑싹둑' 하는 소리가 나.

그리고 급할 때는 가위로 잠긴 문을 열고, 나사 조이고, 딱딱한 것을 깰 수도 있어.

3학년 아이가 쓴 설명문이다. 가위의 모양에서부터 사용 방법, 쓰이는 곳까지 잘 구분하여 적었다. 특히 마지막 단락의 '응급시 가위의 용도'에 대한 설명은 재치가 있다. 이 글의 장점은 설명의 방법을 적절히 이용했다는 점이다. 대상의 특성에 따라 '설명의 방법'을 달리했더니 누구나 이해하기 쉬운 글이 되었다.

이처럼 '설명의 방법'을 알아야 설명문을 효과적으로 쓸 수 있다. 아이와 함께 설명문을 쓸 때는 반드시 먼저 설명의 방법을 알려줘야 한다.

가위는 무언가를 자르기 위해 쓰는 물건이야.

가위가 무엇인지 개념을 설명하는 문장이다. 이러한 설명 방법을 '정의'라고 한다.

철이나 나무 같이 딱딱한 것은 못 잘라. 종이처럼 얇은 것이 잘 잘려.

가위로 자를 수 있는 것과 없는 것을 '얇은 것'과 '딱딱한 것'이라는 포괄적 표현과 함께 '철,' '나무,' '종이'와 같은 구체적인 예를 들어서 설명하고 있다. 이것을 '예시'라고 한다.

학생들이 종이를 자르거나 만들기 할 때 쓰지. 음식점에서 고기를 자를 때도 써. 떡집 주인은 떡을 자를 때도 쓰고, 미용실에서는 머리를 자를 때도 써. 경비 아저씨는 화단에서 나무를 자를 때 큰 가위를 쓰셔.

문구용 가위, 음식용 가위, 미용 가위, 정원용 가위 등 가위의 종류를 상세하게 설명하고 있다. 이렇게 비슷한 것끼리 묶어서 설명하는 것을 '분류'라고 한다.

가위의 모양은 단검이 서로 엇갈리게 되어 있는 모양이야. 그리고 중간에 붙게 해주는 동그란 것도 있어. 끝에는 손잡이가 있는데 모양은 동그래.

이번에는 가위의 모양을 여러 부분으로 나누어 설명하고 있다. 이러한 설명 방법을 '분석'이라고 한다.

이밖에도 공통점과 차이점을 부각하는 설명 방법인 '비교'와 '대조'도 있다.

· 가위의 뜻 : 정의
· 가위의 용도 : 예시
· 가위의 종류 : 분류
· 가위의 구조 : 분석

tip 설명문을 쓰기 전에 알아야 할 설명의 방법들

- 개념을 정확하게 해주는 설명 – 정의
- 구체적으로 예를 들어주는 설명 – 예시
- 둘 이상을 견주어 비슷한 점을 부각하여 설명 – 비교
- 둘 이상을 견주어 다른 점을 부각하여 설명 – 대조
- 공통적인 성질에 따라 종류별로 묶는 설명 – 분류
- 전체를 구성 요소에 따라 나누어 설명 – 분석

설명문 쓰기 클리닉

설명문을 처음 써보는 아이는 소재 선택을 잘해야 한다. 평소에 자주 쓰는 것, 잘 아는 것, 구조가 단순한 것부터 쓰기 시작해야 한다. 잘 모르는 사실을 알기 위해 설명문을 읽지만, 설명문을 쓸 때는 반드시 잘 아는 것부터 쓰게 해야 한다.

point_ 처음 쓰는 설명문

▶ 아이와 대화를 나누며 무엇을 설명할지 선택하게 한다.

▶ 소재는 평소에 자주 쓰는 것, 잘 아는 것, 구조가 단순한 것으로 정한다.

▶ 글을 쓰기 전에 설명하려는 대상을 상세하게 그림으로 그려본다.

▶ 그림을 다 그리면 어떤 내용을 쓸지 생각해본다.

▶ 내용이 정해지면 어떤 순서로 설명할지 계획을 세운다.

　예) 뜻 → 쓰임(용도) → 겉모양(위~아래 순서로) → 종류 → 활용

▶ 쓰는 순서를 고려하여 개요표를 짠다.

　예) 자, 지금부터 앞이 보이지 않는 친구에게 이 칫솔을 설명해줄 거야. 어떤 내용으로 말하면 좋을지 개요표를 작성해보자.

　① 칫솔의 뜻 – 처음 / ② 칫솔의 쓰임 ③ 칫솔의 겉모습

　④ 칫솔의 종류 – 가운데 / ⑤ 칫솔의 활용 – 끝

▶ 개요표에 맞추어 설명문을 쓴다.

빗

내가 지금부터 빗에 대해 설명할게.

빗의 모양은 도끼처럼 생겼지만 도끼는

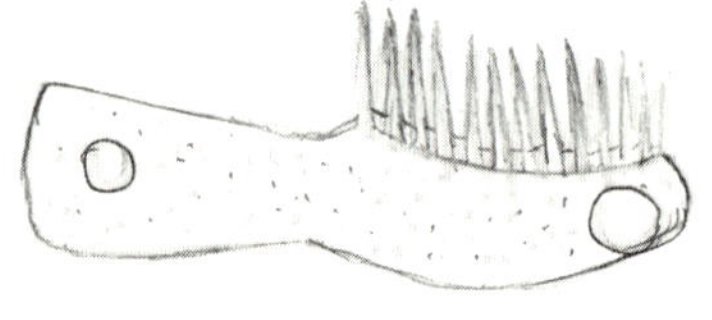

아니야. 여러 개의 길고 얇은 막대기들이

길쭉하고 넓적한 플라스틱 손잡이에 달려있거든. 색깔은 황토색이고, 반짝이가

여러 군데에 붙어 있는 모양이야. 빗은 학교 갈 때 머리카락이 뜨면 머리카락을

단정하게 하기 위해 쓰여. 연예인들이 멋 내기 위해서도 쓰지. 머리가 가려울 때

도 쓰는 물건이야.

빗으로 머리카락을 빗을 때 쓰으으으으으윽 하는 소리가 나.

3학년 아이의 글

일명 '도끼빗'이라 불리는 납작한 빗을 설명한 글이다. 대상 설명 → 모양 → 쓰임의 순으로 글을 전개했다. 그런데 도입 부분과 끝부분이 빈약하다. 처음에 빗의 뜻을 정확히 알려주고, 끝에 요지를 간추렸더라면 하는 아쉬움이 남는다. 또한 빗의 모양이나 쓰임 이외에 다른 내용을 추가했더라면 더 좋은 글이 되었을 것이다.

그림 가방

이것의 이름은 비키 그림 가방이야. 내가 공부를 열심히 해서 스티커를 90개 모아서 엄마가 선물로 사주신 거야.

이것은 그림을 잘 못 그리는 아이가 쓰는 거야. 그림이 그려져 있는 파일을 그림판에 끼우고 버튼을 누르면 빛이 나와. 그러면 그 위에 종이를 대고 그림이 나오는 대로 그려. 다 그리면 색연필로 색칠도 해.

이것의 모양은 네모이고, 뚜껑이 열려. 노란색 손잡이도 있어서 어디 갈 때 들고 갈 수 있어. 뚜껑을 열면 그림 꽂는 데도 있고, 색연필 꽂이도 있어. 그 다음에 그림판이 있고, 그림판에 불을 켜는 버튼이 있어. 바닥에는 색연필 통이 있어.

3학년 아이의 글

그림을 따라 그리는 그림 도구에 관한 설명문이다. 갖게 된 과정 → 쓰임 → 모양의 순서로 글을 썼다. 가방의 모양이나 쓰임 등을 상세히 적어 이해가 쉽지만, 설명하는 사물에 대한 그림이 있었다면 더 좋았으리란 아쉬움이 남는다.

이처럼 설명문을 처음 쓰는 아이에게는 자신이 잘 아는 물건을 남에게 설명하는 방법을 활용한다. 글의 길이가 길지 않더라도 아이들은 설명문을 쓰면서 문단이나 글을 쓰는 순서 같은 개념들을 이해하게 된다.

손톱에 봉숭아 물들이기

1. 봉숭아의 꽃과 잎을 떼서 돌로 찧는다.

2. 중간에 명반을 넣어서 더 찧는다.

3. 다 찧은 꽃과 잎을 손톱에 올린다.

4. 깨끗하게 올린 다음 비닐을 올려서 꽃과 잎이 나오지 않게 실로 묶는다.

5. 하루가 지나면 비닐과 실을 푼다.

6. 물로 깨끗이 씻는다.

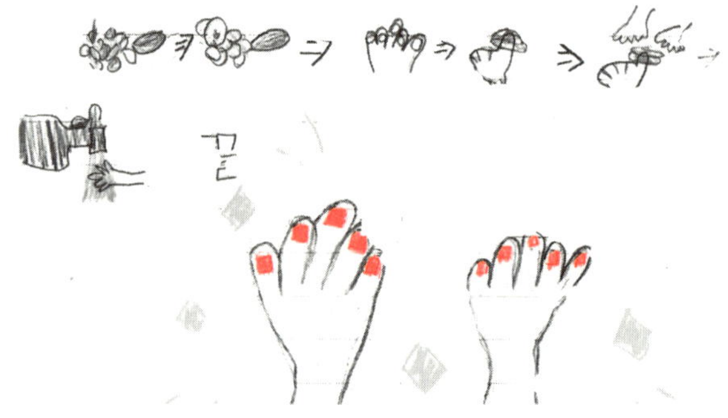

〈주의할 점〉

명반을 꽃과 잎에 넣는 이유는 색이 더 예뻐지기 때문이다.

봉숭아꽃을 손톱에 올릴 때 움직이면 살에 묻기 때문에 조심한다.

실로 묶을 때 꽉 묶으면 아프고, 살살 묶으면 물이 흘러나오니까 잘 묶는다.

4학년 아이의 글

우리가 생활하면서 가장 많이 접하는 글은 위와 같은 종류의 설명문이다. 물건의 대부분에 설명서가 있기 때문이다. 특히 전자제품에는 제품의 사용법뿐만 아니라 주의할 점, 작동이 안 되었을 때의 대처 요령까지 다양한 내용이 담겨 있다.

위의 글은 손톱에 봉숭아물을 들이는 과정에 대한 설명문이다. 이러한 사용 설명서는 순서에 따라 이해하기 쉽게 쓰는 것이 가장 중요하다. 또 분량이나 치수를 적을 때는 어림잡은 양보다 정확한 양을 계량화하여 적어야 한다. 예를 들어 복용하는 약의 양이라든지, 음식을 만들 때 사용하는 재료의 분량 등은 표시가 정확해야 한다.

아이들이 흔히 접하는 샤프나 줄넘기, 과자와 같은 물건에도 설명서가 들어 있다. 설명문은 편지와 함께 가장 실용적인 글이다. 언제 어디서든 설명문을 접할 수 있다. 아이와 함께 물건의 설명문을 읽고 어떠한 내용인지 살펴보자. 그리고 아이에게 '내가 이 제품의 생산자라면 어떻게 설명서를 쓸까' 생각해보게 한다.

설탕뽑기-달고나 만들기

학교 앞에서 파는 설탕뽑기를 집에서 만들어 먹을 수 있습니다.

우선 큰 국자를 준비합니다. 실탕을 국자 안에 반쯤 넣습니다. 가스 불을 켜고 불을 작게 합니다. 1분쯤 지나면 설탕 가장자리가 녹기 시작합니다. 그러면 나무 젓가락으로 저어줍니다. 타지 않게 천천히 합니다.

설탕 알갱이가 사라지고 물처럼 변하면 색깔이 바뀌는 걸 잘 봅니다. 색이 갈

색으로 변하면 나무젓가락을 빼서 소다를 젓가락 끝부분에 살짝 찍습니다. 소다 묻힌 나무젓가락을 녹은 설탕 속에 넣고 빨리 저어줍니다. 젓가락을 20번 정도 돌리는 사이 하얗게 변하면서 부풀어 오릅니다. 이때 재빨리 꺼내서 식힙니다.

 먹을 때는 납작하게 누르거나, 모양을 냅니다. 누르는 기구가 없으면 막대를 꽂아 핫도그처럼 먹어도 됩니다.

〈주의할 점〉

불을 사용해서 어른의 도움을 받아야 합니다.

설탕이 까맣게 타면 닦이지 않아 국자를 쓸 수 없게 됩니다.

설탕을 젓다가 흘리면 불이 날 수도 있습니다.

식지 않은 달고나에 혀를 대면 화상을 입을 수도 있습니다.

6학년 아이의 글

'설탕뽑기'에 관한 설명문이다. 요리 순서에 맞추어 설명을 잘하고 있다. 특히 '주의할 점'에서 '식지 않은 달고나에 혀를 대면 화상을 입을 수도 있다'는 문장은 아이의 경험에서 우러나온 지식을 생생하게 전달한다.

고학년 아이들의 경우, 간단한 라면 끓이기나 달걀부침 정도는 혼자서 할 수 있다. 이때 부모와 함께 요리 과정을 적으며 도움말을 주면, 아이는 그 일에 자신감을 얻는다. 어른의 입장에서는 하찮게 보일 수도 있지만 아이는 스스로 만든 조리법을 보면서 뿌듯함을 느낀다.

 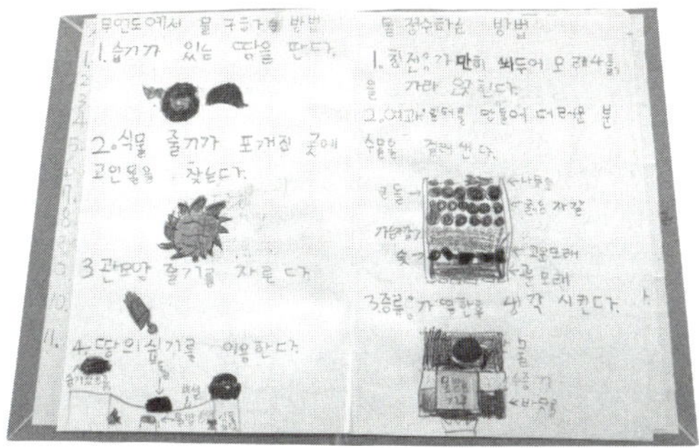

5학년 아이가 무인도에서 살아 남는 방법에 대해 책으로 만들어 설명한 글

point_ 일의 순서가 있는 설명문

▶어떤 일을 적을지 소재를 정한다.

▶자신이 잘 알고 있는 일의 과정을 설명해본다.

▶일의 순서를 간단하게 적는다.

▶일의 순서에 따라 개요표를 짠다.

▶개요표에 맞추어 설명문을 쓴다.

▶분량이나 치수는 계량화한 양을 정확히 적는다.

▶이해를 위해 그림이나 도표를 이용하는 것도 좋다.

N서울타워

서울의 상징이자 서울의 모습을 한눈에 내려다 볼 수 있는 곳 N서울타워는 1969년 TV와 라디오 방송을 수도권에 송출하기 위해 세워진 한국 최초의 종합 전파탑입니다.

N서울타워의 전파탑은 TV와 라디오의 송신을 위한 안테나가 설치되어 있으며, 전국 가청 인구의 48%가 N서울타워 전파탑을 통해 TV와 라디오를 시청하고 있습니다.

N서울타워의 높이는 236.7m이고, 송신탑과 4개 층의 전망대로 이루어져 있습니다. 전망대는 회전되며 1회 회전 소요 시간은 1시간 40분입니다. 초속 56m의 강풍에도 안전하도록 설계되었고 매년 1회 이상 안전도 검사를 실시합니다.

N서울타워는 1969년 기공한 이후 TV와 라디오의 송신용 전파탑으로 이용되다가 1980년 일반인에게 공개되었습니다. 지난 2001년 전망객이 2천만 명을 넘었고, 이후 2012년 설문조사에서 외국인 선정 서울 명소 1위에 올랐습니다.

nseoultower.com N서울타워 소개글

N서울타워를 안내하는 글이다. 지식이나 정보를 전달하는 글은 대부분 이러한 형태로 이루어져 있다. 교과서에 실린 설명문도 마찬가지이다. 그런데 이런 글은 이미 알고 있는 사실만으로는 쓰기 힘들다. 설명문인 만큼 충분한 조사와 이해가 전제되어야 한다. 시간과 노력

이 많이 필요한 글이다. 그래서 아이에게 전문적인 설명문을 쓰라면 무리일 수도 있다. 대신 아이의 주변에서 친근한 소재를 찾아 직접 조사를 하게 한다면 이러한 형태의 설명문 쓰기는 그다지 어려운 일이 아니다.

동일초등학교

동일초등학교는 서울 노원구 상계동에 위치하고 있습니다. 주공 10단지 아파트와 11단지 아파트의 사이에 자리하고 있으며, 학교 뒤로는 근린공원이 있습니다.

1988년 개교하였으며, 2012년에 제23회 졸업생을 포함하여 총 6367명의 졸업생을 배출했습니다. 현재 43학급 1134명의 학생과 55명의 교사가 생활하고 있습니다.

시설은 교실 43개와 9개의 관리실이 있으며, 특별 교실로는 도서실, 멀티실, 체육관, 과학실, 컴퓨터실, 영어교실, 음악실, 실과실, 보건실, 상담실, 돌봄교실, 급식실, 교사 휴게실이 있습니다.

교훈은 '바르고 슬기롭게 튼튼하게'이며, 기본이 바로 선 어린이를 육성하는 목표를 가지고 있습니다. 또한 어려움에도 굴하지 않는 절개의 상징인 매화가 교화이며, 역경에 강인한 은행나무가 교목입니다.

학생 자치 활동으로는 스카우트와 아림단이 있으며 다양한 특별활동 교실이 운영되고 있습니다. 동일초등학교는 2012년 통일부 지정 '통일교육 지정학교'로 선정되어 통일 세대 양성을 위한 다양한 활동을 진행하고 있습니다.

6학년 아이의 글

6학년 아이가 자신의 학교를 조사하고 쓴 설명문이다. 학교의 위치, 연혁, 시설, 교훈, 학교 자치 활동까지 다양한 내용으로 설명하고 있다. 비교적 깔끔하고 정돈된 느낌의 글이다. 많은 정보를 담고 있는 만큼 쓰기 어려워 보이지만 실은 개요를 잘 작성하면 쉽게 쓸 수 있다. 설명문에서 개요는 필요한 내용만 정확히 쓰도록 돕기 때문에 반드시 먼저 작성한 뒤에 글을 써야 한다.

point_ 조사와 연구가 필요한 설명문

▶ 정보와 지식을 전달하는 설명문은 정확한 조사와 연구가 필요하다.
▶ 소재를 선택할 때는 주변에서 흔히 볼 수 있거나 접할 수 있는 것으로 선택하자.
　예) 우리 학교, 우리 동네, 우리 집 등
▶ 읽는 사람이 궁금해할 내용이 무엇인지 생각해 보고 설명할 내용을 생각해본다.
▶ 생각해둔 내용을 어떠한 순서로 설명할 것인지 정한다.
▶ 개요표를 짠다.
▶ 부족한 내용은 더 조사한다.
▶ 개요표에 맞추어 설명문을 쓴다.

그런데 이러한 설명문을 쓸 경우, 반드시 주의해야 할 점이 있다. 정확한 사실만을 적어야 한다는 점이다. 글 속에 글쓴이의 생각이 들어가서는 안 된다. 예를 들어 위의 글에 '우리 학교는 아름답다,' '우리 학교의 선생님들은 훌륭하다,' '우리 학교의 학생들은 공부를 잘한다'와 같은 내용이 들어가면 객관성이 떨어진다. 설명문을 읽고 판단하거나 느끼는 것은 오로지 독자의 몫이다. 설명문을 '기름기 쫙 뺀 담백한 글'이라고 하는 이유가 여기에 있다. 설명문은 주관적인 감상이나 생각을 모두 배제하고 사실만을 써야 한다.

관찰기록문
관찰력과 탐구심으로 결과를 얻어낸다

관찰기록문의 대가, 파브르

관찰기록문에 관한 문의가 쇄도하는 시기가 있다. 바로 봄이다. 초등학교 4학년 자녀를 둔 부모의 문의가 주를 이루는데, 4학년 과학 교과서에 '강낭콩 기르기'가 실려 있기 때문이다.

보통은 학교에서 아이들이 직접 강낭콩을 심어 자라는 과정을 관찰한다. 그런데 상황이 여의치 않은 경우 가정에서 수행해야 하는 과제가 되는데 이때 부모들이 문의를 하는 것이다. 강낭콩 기르기는 40여 일이나 걸리는 장기 과제이다. 부모들은 중간에 강낭콩이 죽기라도 하면 아이에게 피해를 주지 않을까 몹시 염려한다.

그런데 관찰기록문은 국어 교과의 몫만으로는 불가능한 활동이다. 과학적 활동이 동반되어야 한다. 국어나 과학, 어느 한쪽 교과에 치우치면 관찰기록문이라는 색깔이 바랠 수도 있다. 쓰기가 흰색이고 과학이 검은색이라면 관찰기록문은 이 둘을 반씩 섞은 회색이라 할 수 있다. 물론 관찰기록문도 성격에 따라 과학적 요소를 강조하는 보고서 형식이 있는가 하면, 문학적 요소를 강조하는 일기문 형식이 있기는 하다. 차라리 어느 한쪽의 비중이 크면 쓰기 쉽다. 하지만 이 둘을 조화롭게 섞어 회색을 만드는 일은 결코 쉽지 않다.

이러한 고민을 해결해줄 모범적 관찰기록문이 하나 있다. 우리는 그 책에서 관찰기록문이 어떤 것인지 배울 수 있다. 바로 『파브르 곤충기』이다. 파브르는 곤충기로 유명하지만 『식물기』도 썼다. 자연을 관찰하고 기록하는 분야에서 대가인 파브르의 『식물기』 역시 관찰기록문의 모범답안이다. 파브르의 관찰기록문은 정확히 문학과 과학의 중간에 서 있다. 재미있게 술술 읽히면서도 과학적 지식을 꼼꼼하게 전달한다. 그의 책에는 그림과 사진 이외에 도표나 그래프가 없다. 그저 줄글만으로 지식과 정보를 생생하게 전달한다.

"나는 당신만큼 바람이 무섭지 않아. 꺾이지 않도록 몸을 구부리니까."

어느 날 돌풍으로 뿌리째 뽑힐 뻔한 거만한 참나무를 보고 갈대가 말했다. 하지만 몰아치는 태풍 속에서 어떻게 몸을 지탱하는지 갈대는 가르쳐주지 않았다.

말하지 않은 이유를 나는 알 것 같다. 머리가 굳어버린 도도한 참나무에게는 갈대의 설명이 전혀 이해되지 않았을 것이다. 갈대의 천재적 방법쯤 참나무에게는 관심도 없었으니까. 무지한 대로 당당하고 중후하게 해만 거듭하면 되는 것이다.

J. H. 파브르, 『파브르 식물기』, 두레, 193쪽

파브르의 『식물기』에서 갈대의 내용 중 한 부분이다. 식물의 줄기와 구조를 설명하는데 꼭 저런 내용이 들어가야 할까 싶지만 파브르는 논문을 발표하거나 학회에 보고하기 위해 책을 쓴 것이 아니다. 살아 있는 자연의 이야기를 통해 사람들에게 자연의 신비로움과 소중함을 알려주고자 했다. 파브르는 자연의 세계를 이야기함과 동시에 인간의 삶을 이야기한다. 참나무와 갈대의 이야기를 읽고 있노라면 자연스레 인간의 삶이 떠오른다.

아이들도 논문을 발표하거나 과학적 사실을 학회에 보고하고자 관찰기록문을 쓰는 것이 아니다. 관찰기록문은 자연을, 생명의 소중함을 배우고자 하는 활동이다. 생명이라고는 느낄 수 없는 콩알 하나에서 새싹이 나오고, 그 새싹이 자라 다시 콩이 영그는 과정을 통해 생명의 소중함을 배우려는 것이다. 설사 콩을 키우는 일에 실패했더라도 생명을 기르는 일이 얼마나 어렵고 소중한 일인지 배우는 것만으로도 충분하다. 바로 이러한 교육적 의도를 담은 것이 관찰기록문이다.

관찰 대상을 정하는 일이 가장 중요하다

관찰기록문이란 자연의 여러 현상을 관찰한 뒤 그 사실을 바탕으로 쓴 글을 말한다. 관찰기록문은 동물, 식물, 곤충뿐만 아니라 그림자의 길이, 별자리의 이동, 날씨의 변화 등 우리 주변에서 일어나는 모든 자연현상이 관찰의 대상이 될 수 있다. 또 어떠한 사실에 대한 궁금증을 해결하기 위해 실험하고 결과를 얻어내는 과정도 관찰기록문이 된다.

인간은 지구라는 거대한 자연에 속한다. 가깝게는 공기에서부터 멀게는 하늘의 구름까지 모두가 유기적으로 연결되어 있다. 관찰기록문은 그동안 무심히 지나쳤던 자연과 내 주변을 살피는 활동이다. 또 평소에는 아무 생각 없이 보아오던 것을 관찰하면서 새로운 것을 발견하는 활동이다.

관찰기록문을 쓸 때는 관찰 대상을 정하는 일이 가장 중요하다. 우리 주위에는 관찰의 대상이 무궁무진하다. 동물, 식물, 자연현상, 물건, 사람, 문화……. 교실이나 집, 산이나 들, 도시나 시골, 어디에서나 호기심을 자극하는 것이라면 무엇이든 관찰할 수 있다. 그러나 호기심이 생긴다고 무조건 대상으로 삼는 것은 아니다. 관찰 기간이 짧고 단순한 것은 저학년, 관찰 기간이 길고 복잡한 것은 고학년에서 하는 것이 좋다.

이렇게 관찰의 대상이 정해지면 그것을 왜 정했고, 궁금한 점이 무엇인지를 확실히 해야 한다. 관찰기록문은 사실을 보고하기 위한 글이 아니라 결과를 얻으려는 목적이 있는 글이기 때문이다. 무엇을 왜 쓸 것인지 정하지 않으면 깨달음이나 결과를 얻을 수 없다.

관찰 대상이 정해지면 본격적으로 관찰을 시작한다. 관찰은 눈으로 보는 시각적 관찰만을 의미하지 않는다. 냄새 맡고, 맛을 보고, 들어보고, 만져 보는 오감을 이용한 관찰이어야 한다. 또한 이미 알고 있는 사실이나 미리 조사하여 알게 된 사실이 실제 관찰과 어떻게 다른지 비교하고 분석해야 한다.

관찰은 시간의 흐름에 따라 나타나는 대상의 변화와 차이를 세심히 살필 수 있어야 한다. 식물의 싹은 느리게 매일 조금씩 자란다. 이러한 작은 변화를 잘 살피고 기록해야 한다. 단순히 '자랐다'거나 '컸다'는 말보다 수치상으로 어떤 변화가 있는지 정확히 기록한다. 일정한 기간을 정해 놓고 관찰해야 하는 경우에는 기록하는 날짜와 시간을 정하여 관찰해야 한다는 점도 알려주자. 관찰을 실감나게 보여줄 요량으로 사실과 다른 내용을 쓰거나 기록을 과장하는 것은 옳지 않다.

이렇게 오감을 이용한 관찰과 기록이 끝나면 관찰기록문을 쓴다. 강낭콩 기르기와 같은 장기 관찰이 필요한 경우에는 일지를 마련하여 변화의 과정을 꼼꼼하게 적은 후, 나중에 기록문을 쓰도록 한다.

관찰기록문을 쓰면 얻을 수 있는 학습 효과

관찰기록문을 쓰면 호기심이 자란다.

"나에겐 특별한 재능이 많은 것이 아니고 단지 호기심이 굉장히 많을 뿐이다."

아인슈타인의 말이다. 인간은 호기심으로 하늘을 날았고, 호기심으로 전기를 발명했으며, 호기심으로 달에 갔다. 과학과 기술은 모두 호기심에서 시작되었다. 호기심은 지식의 원천이다. 호기심이 배움의 욕구를 자극하고, 그 욕구를 채워가면서 앎의 즐거움을 얻는다. 관찰기록문을 쓰다 보면 자연스럽게 호기심이 생기고, 평소에 무관심했던 것도 유심히 관찰하는 자세를 갖게 된다. 이렇게 스스로 관찰하고 연구하여 얻어낸 새로운 지식은 배움의 밑거름이 된다.

관찰기록문을 쓰면 관찰력이 자란다.

샤일록 홈스는 관찰력이 뛰어나다. 아무도 중요하게 생각하지 않은 것에서 단서를 찾아내고, 사건 해결의 열쇠를 얻는다. 이러한 관찰력은 탐정에게만 필요한 것이 아니다. 기업도 소비자의 욕구와 심리를 관찰하고 꿰뚫어볼 수 있어야 차별화된 제품을 개발할 수 있다. 관찰력은 누구에게나 저절로 주어지는 능력이 아니다. 일상적인 것에 호기심을 갖고 의문을 가질 때 자라나는 후천적 능력이다. 아이들에게 관찰기록문 쓰기가 필요한 이유이다.

관찰기록문을 쓰면 생각의 힘이 자란다.

관찰기록문을 쓰다 보면 예상하지 못했던 문제에 부딪히기도 한다. 이때는 다양한 각도로 생각하고, 부족한 부분의 자료를 찾는 등 적극적인 자세를 취하도록 해야 한다. 왜 이런 결과가 나왔지? 무슨 까닭이지? 아이들은 관찰을 하면서 끊임없이 사고를 확장하게 된다. 또한 추리력을 이용하여 결과를 예측하고 사실을 구체화시킬 수 있다. 관찰기록문을 쓰면 생각하는 힘이 자란다.

관찰기록문을 쓰면 탐구심이 자란다.

탐구심이란 무언가를 깊이 파고들어 연구하려는 자세를 말한다. 대상을 관찰하다 보면 새로운 사실을 알아내기도 하지만, 또 다른 궁금증도 생긴다. 이 궁금증을 풀기 위해 조사하고 연구하면서 아이들의 탐구심은 쑥쑥 자란다. 무엇을 관찰하고 고찰하는 활동은 고차원적인 인지기능이다. 관찰기록문 쓰기는 바로 이 인지기능을 활용하여 탐구 능력을 기르는 가장 효과적인 방법이다.

무엇을 어떻게 왜 관찰할까

계획만 잘해도 절반은 성공

김치는 배추를 다듬어 양념을 버무리기까지 복잡한 과정을 거친다. 그런데 오랫동안 김치를 담가본 사람들이 이구동성으로 하는 말이 있다. 절이기만 잘하면 김치의 절반은 성공이라는 것이다. 배추를 소금물에 담그는 단순한 '절이기'가 김치의 맛을 좌우한다는 말이다.

순서가 복잡해도 유독 한 가지 과정에 의해 나머지의 성패가 결정되는 일이 어찌 김치만 해당할까? 관찰기록문도 그렇다. 관찰기록문 쓰기는 관찰 대상의 선정부터 결과 보고까지 모든 과정이 중요하지만, 그중 '계획하기'가 가장 중요하다.

계획하기란 무엇을 어떻게 왜 관찰할지에 대한 목적을 분명히 하는 활동이다. 관찰기록문의 완성도는 바로 이 계획하기에 달려 있다고 해도 과언이 아니다. 자신이 궁금해하는 것, 자신이 알고 싶어 하는 것이 무엇인지를 알고, 그 과정을 계획한 뒤에 관찰한 사실을 그대로 적기만 하면 되기 때문이다.

관찰 계획은 어떻게 세워야 할까? 우선 관찰 대상을 정하고 그것을 통해 무엇이 알고 싶은지 생각해야 한다. 그다음 어떤 방법으로 관찰할지를 계획한다. 기간은 어느 정도이며, 관찰하는 시간은 언제인지, 어디부터 어떻게 관찰할지 구체적으로 계획을 짠다. 관찰의 방법이 정해지면 관찰에 필요한 도구나 재료를 알아보고, 관찰하기 전에 도구와 준비물들을 챙긴다. 관찰을 하기 위해 사전조사가 필요한 경우에는 미리 조사도 해야 한다. 끝으로 관찰의 결과가 어떻게 될지를 예상해 본다. 실험 관찰의 경우, 결과를 예측해보는 것이다.

관찰 대상	강낭콩의 한살이		
관찰 기간	5월 1일부터 45일간	관찰 장소	교실
관찰 시간	오후 2시	관찰자	김철수
준비물	강낭콩, 화분, 배양토, 모종삽, 분무기		
관찰 내용	강낭콩이 자라 열매를 맺는 전 과정		
관찰 동기	강낭콩 씨앗에서 싹이 나고 자라는 과정이 알고 싶어서		
관찰 방법	눈으로 보기, 만져보기		
기록 방법	관찰기록장을 이용해 매일 같은 시간에 관찰함. 관찰할 때 식물의 사진을 찍고 자를 이용해 크기를 잼. 기록장에 그림과 함께 변화의 내용을 글로 적음.		
관찰 시 준비물	지우개, 연필, 색연필, 관찰기록장, 돋보기, 자, 카메라		
관찰 대상 특징	강낭콩은 납작한 원통형의 모양으로 열매는 식용으로 사용하고 줄기는 가축의 사료용으로 쓴다.		

관찰 대상 특징	원산지는 아메리카이고 현재 전 세계 콩류 중 재배 면적이 가장 크다. 주로 온난한 지방에서 잘 자라고, 주성분은 녹말과 단백질이다.
궁금한 점	강낭콩의 싹은 어떤 모양일까? 강낭콩의 꽃은 무슨 색이며 강낭콩과 같은 색일까? 강낭콩의 꼬투리는 어떤 모양이고, 열매는 몇 개가 열릴까?
주의할 점	물을 너무 자주 주면 콩이 썩는다. 햇빛을 받지 못하면 잘 자라지 않는다. 잎이 나오면 통풍이 잘 되는 곳에 두어야 잘 자란다. 덩굴이 자라면 지지대를 세워준다.
예상 결과	콩알 하나에서 싹이 나오고, 잎이 나와 열매를 맺을 수 있다니 신기하다. 주의할 점을 잘 기억해두었다가 실천에 옮기면 강낭콩이 잘 자랄 것으로 예상된다.

실제로 관찰을 하다 보면 예상과 다른 결과가 나오기도 한다. 실험 결과가 일반적 사실과 다르거나 최악의 경우 실험에 실패할 수도 있다. 그렇다고 실망할 필요는 없다. 관찰기록문은 정확한 결과를 얻기 위해 쓰는 것이 아니다. 관찰을 계획하고 기록하는 과정을 통해 관찰의 방법을 배우기 위한 것이나. 오히려 실패한 실험에서 더 많은 것을 배울 수도 있다. 즉, 다음 관찰에서 실수를 줄일 수 있는 것이다. 그러므로 아이가 결과에 지나치게 집착하지 않도록 자연스럽게 있는 그대로를 관찰하도록 지도해야 한다.

여러 종류의 관찰기록문

　관찰일기, 관찰일지, 관찰기록문, 관찰보고서, 조사보고서, 탐구보고서……. 모두 관찰을 하여 쓰는 글이다. 그런데 종류는 같은데 형식이 다른지, 형식은 같은데 아예 종류가 다른 글인지 알 수가 없다.

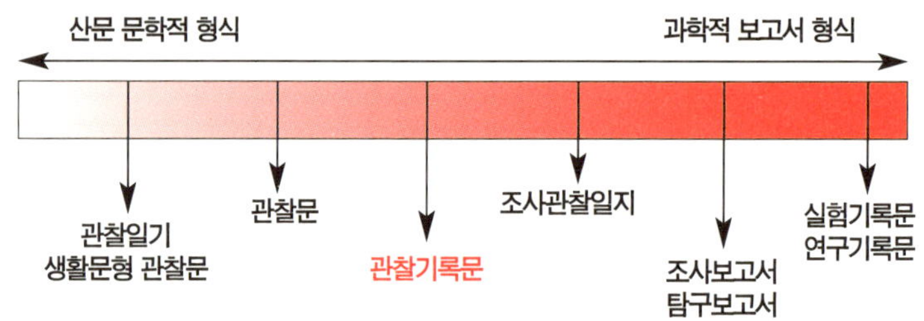

　앞에서 관찰기록문의 모범답안은 『파브르 곤충기』라고 했다. 위 그림에서 가운데의 관찰기록문이 바로 『파브르 곤충기』의 위치이다. 밝은 색에 가까울수록 문학의 형식을 띠고, 어두운 색에 가까울수록 보고서의 형식을 띤다. 문학에 가까운 관찰문일수록 과학적 정보보다 관찰자의 목소리와 생각이 많이 포함되어 있다. 반대로 보고서에 가까울수록 객관적 사실을 토대로 실험하고 연구한 결과에 중점을 둔다. 산문 문학적 형식의 글은 줄글의 형태이지만, 보고서 형식의 글은 표 안에 항목과 내용을 적는 형태이다. 또 문학에 가까운 관찰문은 특별한 형식이 없다. 일기나 편지, 생활문 등 다양한 형식으로 쓸 수 있다. 그림이나 사진을 넣을 수도 있다. 반면 보고서 형식의 관찰기록문은 앞서 보여 준 '계획하기'와 같은 표의 형태를 갖는다. 보고서나 연구 논문은 실험 과정과 결과를 과학적으로 증명해야 하기 때문에 실험 내용을 체계적으로 정리해야 한다.

그러나 글의 형식적인 고민은 관찰 대상을 정하고 난 뒤에 하는 것이 좋다. 물론 글감을 정하고도 어떤 형식의 관찰기록문을 쓸지 판단이 서지 않는 경우도 있다. 이럴 때는 관찰이나 연구의 목적을 살펴본다. 일반적인 대상이나 현상을 관찰하는 경우에는 문학적인 형식으로, 자신만의 독특한 아이디어로 의외의 관찰 결과가 예상되는 경우에는 보고서의 형식으로 쓰는 것이 좋다. 예를 들어 양파, 감자, 콩 등의 관찰은 문학적 형식의 관찰문이 좋다. 이런 관찰은 이미 그에 대한 결과와 자료가 많아 관찰자가 대상을 어떻게 보고, 무엇을 느꼈는지가 더 중요하다. 반면 '소리의 변화에 따른 식물의 자람,' '액체의 종류에 따른 잉크의 확산 정도' 등과 같이 관찰 결과에 대한 자료가 흔하지 않은 경우에는 보고서 형식이 좋다.

1학년 아이의 관찰일기

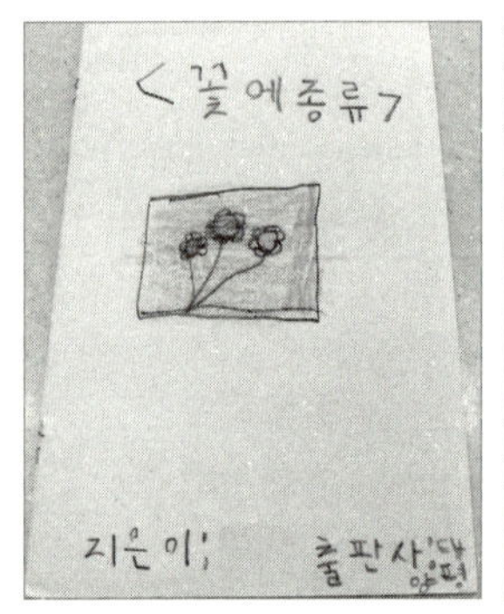

1학년 아이의 꽃 관찰문

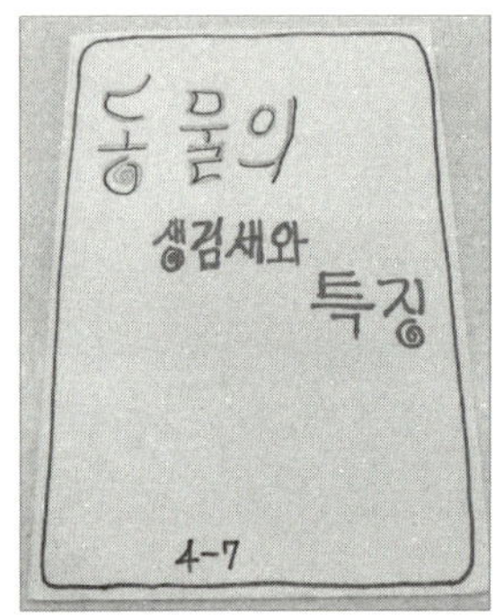
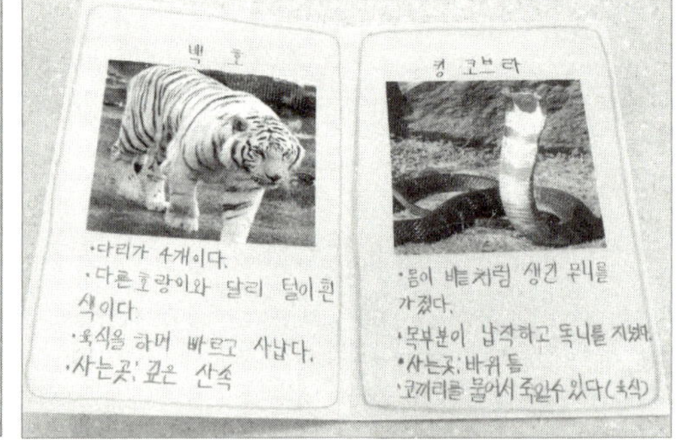

4학년 아이의 동물 관찰일지

생활문형 관찰문

우리 햄스터

❶ 우리 집에는 햄스터가 있다. 이름은 빼빼로와 피기이다. 3학년 어린이날 엄마가 사주셨다. 나의 꿈은 사육사인데 햄스터를 갖게 되어 연습할 수 있게 되었다.

❷ 우리 햄스터는 부부인데 서로 완전 다르다. 빼빼로는 이름처럼 말랐고, 피기는 뚱뚱하다. 햄스터를 키운다는 친구 말을 들어보면 몸에 갈색이나 회색 점이 있다는데 우리 햄스터는 아니다. 우리 햄스터는 흰색과 아이보리 색이다. 빼빼로는 흰색이다. 그런데 눈이 빨갛다. 피기는 아이보리인데 눈이 검다. 빼빼로는 하얀 지점토를 뭉쳐놓은 것 같이 생겼고, 피기는 아이보리 밤톨처럼 생겼다.

❸ 빼빼로와 피기의 성격은 온순한 편이다. 어떤 햄스터들은 물기도 한다는데 우리 햄스터는 물지 않는다. 그리고 낮에는 주로 잠을 잔다. 햄스터를 강아지처럼 산책시킬 수는 없지만 그래도 낮에 놀 수 있을 거라고 생각했는데……. 얘들은 내가 놀 때 자고, 내가 잘 때 논다. 그래서 같이 노는 것은 조금 힘들다. 가끔 학교에 갔다온 동생이 자고 있는 햄스터를 꺼내어 노는데 그러면 햄스터가 스트레스를 받는다. 나도 밤에 자는데 누가 깨워서 놀자고 하면 싫은 것처럼 말이다.

❹ 햄스터는 주로 사료를 먹는다. 자세히 살펴보니 씨앗이랑 과자 같은 게 들어있다. 먹이를 주고나면 꼭 해바라기 씨만 사라지는데 이걸 좋아하는 것 같다. 책에서 찾아보니 해바라기 씨는 너무 많이 먹으면 살이 찌니까 적당이 주라고 한다. 그럼 혹시 피기가 해바라기 씨를 다 먹었나?

❺ 나는 우리 햄스터가 너무 귀엽고 좋다. 앞으로 잘 키워서 새끼도 낳아 친구들에게 분양할 거다. '햄스터야, 우리 잘해보자!'

4학년 아이의 글

사육사가 꿈인 4학년 아이의 관찰문이다. 글을 읽어 보면 햄스터를 기르게 되어 행복한 아이의 마음이 느껴진다.

이 관찰문의 특징은 생활문의 형식을 띠고 있다는 점이다. 글쓴이는 애완동물이 생겨 함께 놀 수 있을 거라고 생각하지만 낮에 주로 잠을 자는 햄스터의 특성 때문에 기대가 어긋난다. 하지만 관찰을 통해 햄스터의 행동을 이해하게 된다. 단순해 보이는 햄스터 관찰이지만 그 기회를 통해 상대를 배려하는 마음이 생긴다. 아이는 관찰문을 쓰면서 애완동물에 대한 사랑이 커지고, 그동안 무심하게 보아오던 사실에서 새로운 지식도 발견한다.

생활문 형식의 관찰문은 처음, 가운데, 끝의 3단 구성이다. '우리 햄스터'는 모두 5개의 단락으로 이루어진 관찰문이다. 단락의 구분은 숫자로 표시했다. 가운데 부분에 해당하는 ②③④번 단락은 각각 햄스터의 모양, 성격과 특성, 먹이에 관한 관찰이다. 그리고 마지막에 햄스터를 기르는 각오에 대한 내용이 담겼다. 그런데 이 관찰문은 '관찰 계획서'를 쓰지 않았다. 간단한 관찰이나 실험은 관찰 계획서가 오히려 부담이 될 수 있으므로 개요표를 활용하는 것이 좋다.

생활문 형식의 관찰문은 대상을 자세히 관찰한 뒤 무엇을 느꼈는지에 초점을 맞춘다. 그래서 사실과 생각이 명확히 구분되지 않을 수도 있다. 위의 글에서도 햄스터의 생김새에 관한 설명 사이에 '빼빼로는 하얀 지점토를 뭉쳐놓은 것같이 생겼고, 피기는 아이보리 밤톨처럼 생겼다'와 같은 생각이 들어 있다. 관찰기록문도 설명문처럼 반드시 사실만을 객관적으로 써야 하는 것은 아니다. 관찰기록문에는 사실과 의견을 동시에 적을 수 있다. 다만 문학적 형식의 관찰기록문은 사실과 의견의 구분이 모호한 반면, 보고서 형식은 사실과 의견을 명확히 구분하여 적는다. 생활문형 관찰문을 쓸 때에 글쓴이의 생각이나 의견이 들어가지 않으면 오히려 관찰기록문의 성격에서 벗어나는 것이다.

tip 설명문과 관찰기록문의 차이점

- 설명문은 자신이 잘 알고 있는 것에 대해 쓴다.
- 설명문은 사실을 객관적으로 서술한다.
- 설명문은 글쓴이의 생각과 느낌을 적지 않는다.

- 관찰기록문은 자신이 잘 모르는 사실에 대해 쓴다.
- 관찰기록문은 글쓴이가 직접 조사하거나 연구하여 쓴다.
- 관찰기록문은 목적과 성격에 따라 사실과 생각을 적절히 섞어서 쓴다.

관찰기록문

여러 가지 콩 관찰

❶ 나는 그동안 콩 안 속이 어떻게 생겼는지 궁금했다. 그래서 작두콩, 강낭콩, 완두콩, 검은콩을 관찰해 보았다.

❷ 작두콩은 하얀색이고 왕처럼 크다. 3Cm정도 된다. 작두콩은 배꼽이 기다란 원모양이다. 강낭콩은 자주색이다. 2Cm정도 된다. 배꼽은 하얀색인데 주변에 때처럼 검은 띠가 있다. 완두콩은 초록색이고 배꼽은 노란색이고 1Cm정도 된다. 검은콩은 검은색이고 배꼽도 검은색이다. 그리고 1Cm정도 된다.

❸콩을 세로로 자르니까 가운데가 나누어졌다. 그 안에 물이 조금 있다. 콩을 가로로 자르면 배 안에 탯줄이 있다. 나중에 콩이 자라면 여기서 싹이 난다고 한다.

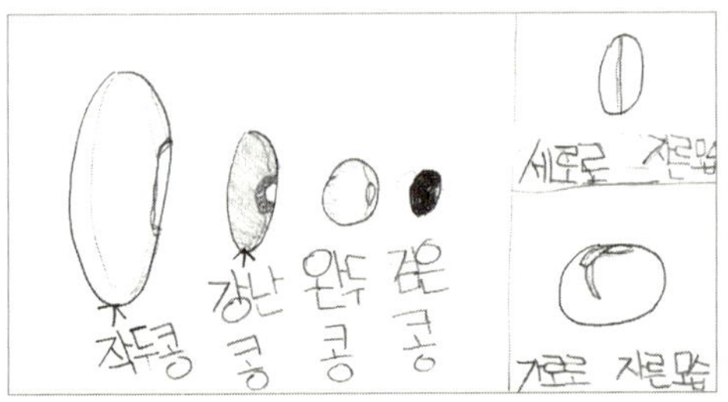

❹콩을 관찰해 보니 사람 같다는 생각이 들었다. 콩에 배꼽도 있고 탯줄도 있으니까 신기했다.

3학년 아이의 글

3학년 아이가 콩을 관찰하고 쓴 관찰기록문이다. 콩의 겉모양과 자른 단면의 모양을 관찰했다. 싹이 자라는 부분을 배꼽이라고 표현하고, '배' 부분을 탯줄이라 표현한 것이 재미있다. 아직 마르지 않은 콩을 단면으로 잘라 수분이 있는 것도 꼼꼼히 관찰했다. 콩의 겉모양에 관한 관찰인 ②번 단락은 콩의 크기를 순서대로 설명했다. 작은 구분이지만 이러한 설명이 글을 체계적으로 만들어주었다. 콩을 세심히 관찰하면서 작은 차이를 놓치지 않았다.

이번에는 고학년의 관찰기록문을 살펴보자.

오징어 관찰기록문

❶나는 오징어를 좋아한다. 마른 오징어, 볶은 오징어 다 잘먹는다. 나는 어

렸을 때 오징어가 가오리처럼 평평하고 납작한 줄 알았다. 그런데 사진으로 보는 오징어는 통통하고 길쭉하였다. 내가 보던 납작한 오징어는 배를 갈라 내장을 뺀 것만 보았기 때문이다. 그럼 오징어 속은 어떤 모습일까? 뼈는 있는지, 먹물 주머니는 어떤 모양인지, 뇌는 있는지 궁금했다. 또 우리가 알고 있는 오징어 머리는 어디이고, 눈은 왜 다리에 붙어 있는지 궁금했다.

❷ 나는 엄마의 도움을 받아 오징어의 배를 갈라보았다. 정말 신기했다.

❸ 오징어는 몸통, 머리, 다리로 이루어져있다. 사람과 달리 머리가 몸과 다리 사이에 끼어있다. 그래서 우리가 오징어의 머리(사실은 몸통)라고 생각하는 부분에 내장기관이 다 들어있다. 우리가 주로 먹는 것도 오징어 몸통의 피부에 해당되는 부분이다. 오징어의 껍질은 검정색 부분도 있고, 점도 많고, 물렁물렁하

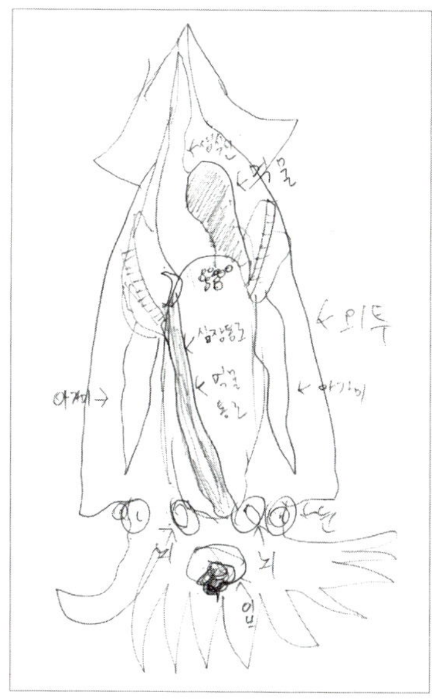
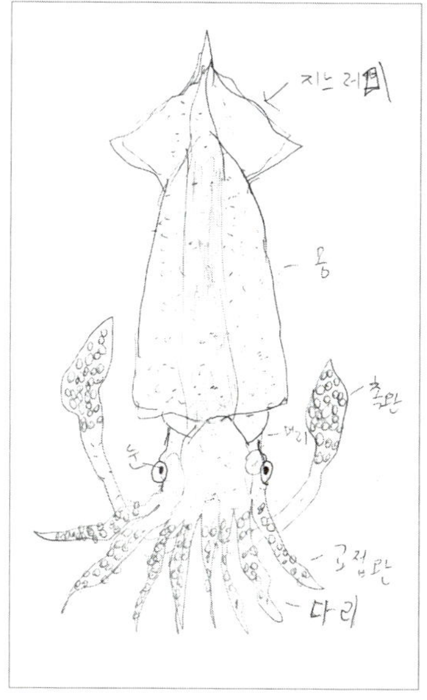

다. 몸통 끝에 지느러미가 있다. 그리고 머리에 눈이 있다. 다리는 10개이다. 10개 중 2개는 다른 다리에 비해 길다. 이것을 촉완이라고 부른다. 오징어의 손이다. 촉완으로 먹이를 잡아 입으로 넣는다. 오징어 다리를 먹을 때 촉완은 손이라고 불러야 할까?

❹ 오징어를 해부해보니 다리 속에 입이 있다. 이빨도 있는데 꺼내 보니 새의 부리처럼 생겼다. 입 위에는 뇌가 있다. 뇌가 작았다. 머리의 양쪽에는 눈이 있다. 사람의 눈동자처럼 검은색과 흰색으로 되어 있다. 몸 속에는 커다란 소화샘과 아가미가 있다. 소화샘은 누런색이다. 몸의 제일 위에 먹물주머니가 있다. 그 옆에 알이 만들어지는 생식선이 있다. 그리고 내장을 드러내니 뒤에 뼈가 있었다. 뼈는 막 휘어졌다. 투명한 플라스틱 같았다.

❺ 오징어를 해부해보니 내가 궁금했던 내용을 알 수 있었다. 오징어도 뼈가 있지만 사람이랑 다르고, 먹물주머니도 보았다. 나는 먹물 주머니가 다리 위에 있을 거라고 생각했는데 아니었다. 그리고 오징어도 뇌가 있지만 손톱만큼 작았다.

❻ 이밖에도 오징어의 눈이 겉에서 보는 것과 달리 크고 말랑말랑했다는 게 신기했다. 뇌가 눈알보다 작으니 오징어는 똑똑하지 않은 것이다. 그러니까 오징어 잡이배에 잡히지……. 하지만 그게 더 다행이다. 오징어가 멍청해서 많이 잡혀야 내가 많이 먹을 수 있으니까. 어쨌든 이번 관찰을 통해 오징어에 대해 많은 것을 알게 되었다.

6학년 아이의 글

오징어를 해부하고 쓴 관찰기록문이다. 고학년답게 내용이 길다. 오징어를 해부하는 과정에서부터 겉모습, 내부까지 상세하게 관찰한 것이 눈에 띈다. 아이는 관찰기록문을 통해 오징어에 대해 궁금했던 점, 몰랐던 점을 알게 되었다.

앞에서 예로 든 3학년 아이의 관찰기록문에 비해 길이는 길지만 오징어에 대한 상세한 조사 내용이 없어 많이 아쉽다. 오징어가 헤엄치는 원리라든지, 먹이를 잡는 방법, 언제 먹물을 쏘는지 등에 관한 내용을 조사하고 첨가했다면 더 알찬 글이 되었을 것이다.

관찰일지

관찰일지는 일정 기간 동안 대상을 관찰하며 변화와 상태를 살피는 글이다. 관찰일지는 여러 날 동안 관찰하기 때문에 일정한 형식을 갖춘 일지를 활용하는 것이 좋다. 다음은 씨앗의 자람을 관찰하기 위한 두 가지 관찰일지의 예인데, 관찰 대상에 따라 알맞은 것을 골라 쓰도록 하자.

관찰일지를 적을 때는 꼼꼼하게 관찰한 뒤 내용을 적어야 한다. 크기나 길이는 자로 재서 치수를 구체적으로 적는다. 특징은 보이는 것뿐 아니라 직접 만져보거나 냄새를 맡는 등 여러 감각 기관을 이용해 살펴보고 적도록 한다.

일지를 활용한 관찰은 특정 부분의 변화를 규칙적으로 관찰할 수 있다는 장점이 있다. 그러기 위해서는 세심한 관찰력이 필요하다. 특히 식물의 경우에는 주의 깊게 관찰하지 않으면 그 변화를 알아채기가 매우 어렵다. 이러한 활동을 통해 관찰하는 능력은 물론, 집중력과 끈기가 키워진다.

관찰을 준비해 보아요.

관찰일	월 일 요일		관찰시간	
준비물				
준비 과정	씨앗의 상태와 특징			
	씨앗을 심는 방법			
	사진이나 그림			
	주의할 점			
느낀점				

자세히 관찰해 보아요.

관찰일	월 일 요일		관찰시간	
관찰 사진 또는 그림				
관찰 내용	크기나 길이			
	색깔이나 모양			
	특징			
	달라진 점			
느낀점				

탐구보고서

4월이 되면 '자연관찰탐구대회 보고서' 쓰는 방법에 관한 문의가 잦다. '한국과학교육단체총연합회'에서 주관하는 자연관찰탐구대회 때문이다. 이 대회는 지역 예선을 거쳐 전국대회까지 이어진다. 제시한 주제에 따라 가설 세우기, 실험 설계, 결과 보고서 작성까지 제법 글쓰기가 까다롭다.

탐구보고서는 글쓰기보다 과학적 탐구와 문제해결 능력을 요구하는 활동이다. 보고서로 결과를 제출하지만 글쓰기가 아예 필요 없는 것은 아니다. 다만 글쓰기보다는 문제를 해결하고, 창의적으로 탐구하는 과학적 영역에 더 큰 비중을 둔다.

따라서 탐구보고서는 주제를 정확히 파악하고, 해당 주제에 어울리는 실험 과제를 창의적으로 선정하는 것이 매우 중요하다. 그다음은 절차에 따라 가설을 세우고, 실험을 설계하는 등 자기주도적 탐구 능력이 필요하다.

과학탐구보고서의 양식과 자료, 예시 작품, 수상 작품 등은 '한국과학교육단체총연합회' 홈페이지(kofses.or.kr)를 참조하도록 한다.

Part 4 자기주장 없는 토론,
정답이 있는 논술문은
이제 그만

토론 리더십과 도덕성을 알아볼 수 있는 말하기 방법

> 미국 공화·민주 양당의 전당대회가 마무리되자 이제 관심은 다음 달 예정된 정책토론회로 쏠리고 있다. 미 대선 정국이 토론을 통해 본격적인 후보 간 인물·자질 대결로 들어서게 됐다.
>
> 「헤럴드 경제신문(인터넷)」, 2012년 9월 8일

대선 후보자들 간의 정책 토론회 소식을 전하는 신문기사의 일부이다. 선거철만 되면 토론회 소식이 자주 들린다. 토론은 대통령 후보들이 거쳐야 하는 통과의례가 된 지 이미 오래이다. 토론을 통해 인물의 자질과 능력을 검증하려는 이유 때문이다.

토론은 다양한 견해를 듣는 과정이다. 토론은 말하기가 중요할 것 같지만 사실은 듣기가 더 중요한 활동이다. 상대의 의견을 들어야 새로운 사실을 깨닫고 나의 잘못된 점을 찾아낼 수 있다. 서로 의견만 내세우는 토론은 싸움을 부르지만, 서로의 의견을 잘 듣는 토론은 문제를 해결하게 만든다. 토론의 자세만 보아도 토론자가 상대의 말에 귀

기울이는 능력이 있는지 확인할 수 있다. 그래서 선거철만 되면 토론회가 열리는 것이다.

토론은 대화를 통해 합리적으로 문제의 해결방안을 찾는 과정이다. 대립하는 의견을 조율하고, 올바른 해결방안을 찾자는 것이 토론이다. 그런데 편견과 독선에 빠진 토론자는 자신의 의견만 강요하고 고집한다. 따라서 토론을 해보면 토론자가 합리적인 사고 체계를 갖고 있는지 확인할 수 있다.

토론은 자신과 다른 견해를 가진 사람을 설득하는 과정이다. 그러기 위해서는 다양한 관점에서 문제를 바라보고 창의적으로 접근해야 한다. 내 의견만 옳다고 주장하는 것이 아니라 자신의 의견이 가장 합리적임을 증명해야 한다. 토론에 익숙해지면 논리적이고 종합적인 사고를 할 수 있게 된다. 그래서 사회의 리더를 뽑는 자리에서는 항상 토론이 열린다. 리더의 논리적 대화 능력을 확인하기 위해서이다.

토론은 형식과 절차가 있는 말하기로, 공정한 자세와 예절이 필요하다. 토론은 찬반 의견이 오고 가기 때문에 과열되면 상대를 비난하거나 비하할 수 있다. 따라서 토론에는 일정한 형식과 절차가 있다. 토론자는 토론의 규칙을 지키며 예의 바른 태도로 임해야 한다. 사회자는 대화가 어느 한쪽에 치우치지 않도록 토론자들에게 공정한 기회를 준다. 토론을 하면 토론자가 주어진 절차와 규칙을 잘 준수하는 사람인지, 공정한 태도와 예의가 있는 사람인지 등, 토론자의 도덕성을 알 수 있다.

- 토론은 정해진 형식과 절차가 있는 말하기이다.
- 시간을 정해, 말하는 기회를 공평하게 갖도록 한다.
- 상대에 대한 예의를 지키고 서로 존중한다.
- 거친 언어는 피한다.
- 사회자의 권위를 지켜준다.
- 토론은 문제를 해결하기 위한 방법을 찾고자 하는 말하기이다.
- 상대의 말을 귀 기울여 듣는다.
- 토론은 옳고 그름을 따지는 말하기가 아니다.
- 자신의 주장이 가장 합리적인 대안임을 설득한다.
- 토론으로 함께 문제를 해결하는 협동의식을 갖는다.

토론을 하기 전에

아이들과 함께 '학교에 휴대전화를 가지고 오면 안 되는 이유'를 토론해보자. 아이들은 열심히 자기주장을 펼친다.

- 자꾸 보고 싶어져서 공부에 방해가 돼요.
- 수업 중 소리가 나서 다른 사람에게 피해가 가요.
- 전자파는 몸에 해로워요.
- 자꾸 게임을 하게 돼요.
- 작은 화면 때문에 시력이 나빠져요.
- 분실의 위험이 있어요.

모두 어디선가 들어본 말들이다. 자기주장이라고 하지만 자신의 생각이 아니다. 아이들과 토론을 하면 이런 상황이 자주 발생한다. 문제해결의 방법을 창의적으로 찾자는 것이 토론인데 전혀 창의적이지 않은 의견들만 쏟아진다. 왜 이런 일이 생기는 것일까?

아이들의 사고가 닫혀 있기 때문이다. 문제를 새롭게 바라보며 다양한 관점에서 생각하는 훈련을 받지 않았기 때문이다. 창의적인 생각으로 새로운 가치를 창조해야 할 아이들이 문제를 창의적으로 바라보지 못하고 있다.

이럴 때는 주제를 다른 각도에서 바라보도록 지도해야 한다. 아이들이 '학교에 휴대전화를 가져오면 안 되는 이유'를 생각하기 전에 '학교에 휴대전화를 가져오는 이유'를 먼저 생각하게 하자.

학교를 오가는 길이 안전하지 않기 때문이란다. 휴대전화가 수업에 방해가 되어 집중력을 떨어뜨린다는 것은 아이들도 안다. 그런데도 휴대전화를 학교에 가져오는 이유는 안전이 더 중요하기 때문이란다. 안전을 위해 휴대전화는 소지하되, 학교에서는 적절한 예절을 지키도록 하면 어떨까? 학교가 먼저 아이들을 믿어주면 어떨까?

토론의 주제가 정해졌을 때, 이처럼 발상의 전환을 해보자. '안 되는 이유'를 찾기 전에 '왜 안 되는데?', '안 되는 줄 알면서도 왜 그러는데?'라고 질문해 보는 것이다. 아이들이 휴대전화를 가지고 다니는 이유를 스스로 찾아보고, 그 원인을 분석한 다음 휴대전화의 폐해에 대해 생각하게끔 하자는 것이다. 왜 이러한 주제로 토론을 하는지,

그 이유를 먼저 생각해 보아야 창의적인 주장을 찾을 수 있다.

토론은 대화를 통해 찬반으로 나뉜 이견을 좁히고 문제의 해결 방안을 찾고자 하는 말하기이다. 단순히 내 논리가 옳음을 증명하거나, 내 주장을 강화시키기 위한 증거를 찾으려는 말하기가 아니다. 상대를 논리적으로 설득하여 적극적으로 문제를 해결하고자 하는 말하기이다. 따라서 무엇보다 먼저 토론의 주제가 가진 근본적인 원인과 이면을 들여다보아야 한다. 그래야 합리적인 주장으로 상대를 설득할 수 있다. 토론의 주제를 비틀어보는, 발상의 전환이 필요하다.

발상의 전환을 해도, 비판적이고 창의적인 토론은 쉬운 일이 아니다. 자기주장만 내세우다 감정의 골만 깊어지는 토론이 아니라, 문제를 해결하는 진지한 토론은 대체 어떻게 해야 할까?

토론 준비하기

토론을 위해서는 논리적이고 비판적인 사고능력이 반드시 필요하다. 하지만 막상 토론에 들어가면 순발력과 직관력이 더 큰 힘을 발휘한다. 이럴 때 토론은 즉흥적인 말하기처럼 보인다. 하지만 토론은 즉흥적 말하기가 아니다. 토론의 순발력도 사전에 철저히 준비하지 않으면 절대로 발휘할 수 없는 능력이다. 따라서 토론자는 주제에 관해 충분히 생각하고, 자신의 주장에 대한 증거자료를 꼼꼼하게 갖추어야

한다. 주제에 대한 명확한 인식과 함께 증거자료를 철저히 준비해야
한다.

주제의 인식과 준비

❶토론을 시작하기 전에 주제에 대해 명확한 인식을 해야 한다. 주
제를 비틀어보고 생각하는 시간을 갖는다. 왜 이러한 주제로 토론을
하는지 먼저 생각해보는 것이다.

●주제 : 휴대전화를 학교에 가져오면 안 되는 이유

왜 휴대전화에 관한 토론을 하는 걸까?
• 수업에 방해되고, 게임 중독과 전자파 등의 해로움 때문에 자제시키려고

❷다음은 문제의 발생 원인을 찾아본다.

아이들이 학교에 휴대전화를 가져 오는 이유는 무엇일까?
• 너무 소중해서
• 휴대전화에 중독이 되어서
• 부모가 제지하지 않아서
• 유괴와 같은 사고를 방지하기 위해서
• 친구나 가족과 급하게 연락할 사건이 생길까 봐

❸위의 원인 가운데 가장 중요한 이유를 찾아본다.

- 유괴와 같은 사고를 방지하기 위해서

- 친구나 가족과 급하게 연락할 사건이 생길까 봐

❹위의 원인을 해결하기 위한 방법을 생각해본다.

- 부모에게 등하교 문자 서비스를 해준다.

- 교사와 부모가 적극적으로 안전지도를 한다.

❺ 이제 문제의 근본 원인을 찾아 그 해결 방법을 생각하기 위해 다시 원래의 주제로 돌아간다.

등하교에 관한 안전지도가 철저히 이루어지는데도 학교에 휴대전화를 가져와야 할 이유가 있나?

- 하교 후 학원이나 돌봄이센터 등으로 이동이 필요한 경우, 연락을 위해서

- 부모가 직장에 다니기 때문에 하교 후, 아이의 위치 파악을 위해서

❻위와 같은 문제의 대책을 찾아본다.

어쩔 수 없는 경우, 학교에 가져간 휴대전화는 어떻게 해야 할까?

- 등교 후부터 하교 때까지 보관함에 보관한다.

'주제 인식과 준비' 과정에서는 토론의 주제인 '학교에 휴대전화를 가져오면 안 되는 이유'에 관해서는 깊이 생각해보지 않았다. 그저 주제를 다르게 생각해보는 과정과 주제에 관한 근본 원인만 생각해보

있다.

가치 판단과 근거 찾기

주제에 대한 인식과 문제의 원인을 찾았다면, '주제 인식과 준비'
와 관련된 근거 자료를 찾는다.

①학생들의 휴대전화 게임 중독 실태(신문 기사)

②학생들의 휴대전화 집착 정도(사례와 통계자료)

③수업 중 휴대전화 사용으로 인한 피해 사례(경험)

④휴대전화 전자파가 인체에 미치는 영향

⑤학생들의 등하굣길 위험 실태

⑥학교에서 학부모에게 문자 서비스를 할 때의 비용

⑦타 학교의 등하교 안전지도 사례

⑧부모 모두가 직장에 다니는 우리 학교 학생의 실태

만약 '주제 인식과 준비' 과정을 거치지 않았다면 주장에 대한 자
료로 무엇을 준비해야 할지 막연했을 것이다. 그런데 '주제 인식과 준
비' 과정을 거쳤더니, 주장을 뒷받침할 든든한 근거 자료를 마련하게
되었다.

상대 주장에 대한 반박 논리 찾기

자료 조사가 끝나면 이제 주제에 맞는 자신의 의견을 정리해본다. 그리고 상대측에서 제시할 주장을 예측해본다. 상대의 입장이라면 어떤 주장을 펼칠지 미리 생각해보는 것이다. 그러면 자연스럽게 자신의 주장에 대한 견해를 논리적으로 강화할 수 있다.

논리적 오류 검토하기

끝으로 자신의 주장에 대해 논리적 오류가 있는지 점검해본다.

꼭 피해야 할 논리적 오류들

"말이 안 통한다"는 말이 있다. 핵심에서 벗어난 답변이 오가고, 극단적인 생각에 빠져 논리에 어긋나는 대화를 할 때 쓰는 표현이다. 이때 범하는 여러 가지 오류를 알아본다.

인과적 오류

소화가 안 되던 아주머니가 콜라를 마셨는데 얼마 후 속이 편안해졌다. 아주머니는 콜라가 속을 편안하게 한다고 생각했다. 물론 콜라가 속을 편안하게 한다는 과학적 증거는 없다. 다만 아주머니가 그런 경험을 했을 뿐이다. 다른 사람에게도 똑같이 적용할 수 있는 사례는 아니다. 콜라가 소화를 돕는다는 생각은 어떠한 인과관계도 없다. 콜라를 마시고 속이 풀린 우연한 상황을 마치 진실인 양 여길 때 발생하는 오류이다. 이러한 오류를 인과적 오류라고 한다. 살아가면서 가장 많이 하게 되는 오류이다. 화상에 된장을 바르라는 민간요법이나, 하늘이 노하면 홍수가 난다와 같은 과학적 무지도 인과적 오류다. 토론은 논리를 따지는 말하기이다. 따라서 이러한 인과적 오류에 주의해야 한다.

흑백논리의 오류

"너는 나를 좋아하지 않는다고 했지? 그럼 나를 싫어하는구나!"

좋아하지 않으면 싫어하는 걸까? 좋아하지 않고 사랑할 수도 있고, 무관심할 수도 있다. 또 아직 이럴까 저럴까 생각 중일 수도 있다. 그런데 '좋아하다'가 아니면 '싫어하다'로 여기는 대화는 답답하다. 반론의 여지가 없기 때문이다.

흑백논리의 오류는, 말 그대로 흰색 아니면 검은색이라고 생각하는 논리이다. 어떠한 상황을 반대관계가 아니라 모순관계로 보기 때문에 생기는 오류이다. '희다'의 반대는 검다, 붉다, 푸르다 등 매우 다양한데도 마치 종이의 앞뒤처럼 중간이 존재하지 않은 것처럼 판단하는 오류이다. 토론에는 찬성과 반대의 의견만 존재하는 것이 아니다. 검은색도, 흰색도 선택하지 않을 수도 있다.

성급한 일반화의 오류

"순이가 유명 상표 가방을 메고 왔더라? 걔는 사치스러운 게 분명해!"

순이가 평소 유명 상표를 선호하고 이러한 물건을 많이 소유하고 있다면 '순이가 사치스럽다'는 결론은 오류가 아닐 수도 있다. 하지만 이 문장 하나로는 아무것도 알 수 없다. 따라서 순이가 사치스럽다고 판단할 근거는 가방 하나뿐이다.

이처럼 소수의 사례를 마치 일반적인 것으로 판단하는 오류를 성급한 일반화의 오류라고 한다. 토론을 하다 보면 다양한 근거를 통해 주장을 강화해야 하는데 그렇지 못할 때가 많다. 토론을 할 때는 충분한 사례와 증거로 주장을 강화해야 한다.

인신공격의 오류

"운동이 건강에 도움이 된다는 말은 맞지만, 네 뚱뚱한 몸으로 운동이 되겠니?"

운동을 해야 한다는 의견에 동의하는 것 같지만 실은 '너는 뚱뚱해서 안 된다'는 비하 발언이다. 인신공격의 오류는 상대의 의견이나 논리를 비판하기보다 그 사람의 인품이나 성격, 신체 등을 비난할 때 발생한다. 토론이 과열되면 자주 등장하는 오류이다. 일종의 논제 이탈이다. 이럴 경우에는 사회자가 바로 지적해주어야 한다. 토론은 예의라는 형식 안에서 합리적으로 문제를 해결하는 말하기이다.

토론을 토의로 착각하는 사람들

- **발표회 때 무슨 공연을 할지 토론해봅시다.**
- **아침 자율학습 시간에 책읽기를 하자는 의견에 대해 토의해봅시다.**

눈치챘겠지만, 두 문장은 모두 틀렸다. 발표회 때는 무슨 공연을 할지 '토의' 해야 한다. 아침 자율학습 시간에 책읽기를 하자는 의견에 대해서는 '토론' 해야 한다.

토의는 공동의 문제를 해결하기 위해 좋은 의견을 모아 방안을 찾자는 것이고, 토론은 어떠한 주제에 대해 찬반 의견을 나눠 합리적인 해결 방안을 찾기 위해 상대를 설득하자는 것이다.

토론은 반드시 주제에 대한 찬반 의견을 개진하며 설득의 과정을 거친다. 주장이 창의적이고 독특하다고 해서 쉽게 설득되지 않는다. 주장에 따르는 근거 자료가 합당할 때 신뢰를 얻는다. 그래서 토론을 할 때는 반드시 준비 과정을 거쳐야 한다. 반면 토의는 창의적인 생각에 더 힘이 실린다. 번뜩이는 아이디어가 큰 호응을 얻는다.

토론은 발언 순서와 시간을 정해 공정하게 의견을 나눈다. 토론을 하다 보면 상대가 말하는 도중 비판할 내용이 번쩍 떠오를 때도 있지만, 반드시 순서를 기다려야 한다. 좋은 생각이 떠올랐다고 갑자기 남의 말을 끊고 끼어들면 안 된다. 순서와 예절은 토론의 중요한 형식이다. 반면 토의는 자유로운 분위기에서 진행된다. 좋은 생각이라면 누구나 자유롭게 의견을 말할 수 있다. 대신 상대의 의견에 비판을 가하지 않는다. 대화를 통해 좋은 아이디어를 찾는 것이 토의의 목적이기 때문이다.

토론은 글쓰기와 직접적인 관련이 없다. 그런데도 토론을 간단하게나마 공부한 이유는 논술문 쓰기의 바탕이 곧 논리력이기 때문이다. 토론으로 논리를 강화한 뒤, 논술문 쓰기에 들어가자.

논술문 — 내 주장을 논리적으로 전개하라

입시 전형이 바뀌어서 글쓰기 교육이 필요 없다?

"대학에 입학 하려면 논술이 필요하다는데 이제라도 공부를 시켜야 할 것 같아."

글쓰기 교육을 입시 교육으로 인식하고 있는 부모의 말이다. 그런데 아이는 겨우 초등학교 2학년이다. 글쓰기 공부는 필요하지만, 초등학교 2학년 아이에게 입시를 위한 논술 공부는 필요하지 않다.

논술은 일상생활에 필요한 실용문이 아니다. 그런데 대학입시에서 논술 시험을 본다니 왠지 일찍 준비해야 할 것 같아 어릴 때부터 입시 논술을 가르치려는 부모가 있다.

그런데 2012년부터 주요 대학들이 논술을 폐지하거나 줄이기로 결정했다. 논술 시험 때문에 사교육의 비중이 점점 커지자 이를 개선하려 한 것이다. 대신 입학사정관제를 확대해 논술의 빈자리를 채우겠다고 발표했다. 그랬더니 부모들은 이제 논술 공부가 필요하지 않다고 생각한다. 붐을 이루었던 논술 교육 열풍이 거짓말처럼 사라지고 있다.

미술 대학에 진학하기 위해서는 기본적인 데생 실력이 있어야 한다. 그래서 미대 입시에서는 실기시험으로 석고 데생을 한다. 미대 입학을 희망하는 학생들은 몇 년 동안 똑같은 석고상만 수백 장을 그린다. 움직이지 않는 석고상만 줄기차게 그린 아이들이 정말 데생 실력을 갖춘 걸까? 이런 의문의 결과로 최근에는 미대 입시에서 석고 데생을 없앤 대학도 있다. 그러면 이제 미대 입시생들에게 데생 실력은 필요 없는 것일까?

논술문은 논리적 사고를 바탕으로 쓰는 글이다. 논술문을 써봄으로써 글의 논리를 강화하고 생각을 공고히 할 수 있다. 아무리 좋은 글도 논리가 부족하면 설득력이 떨어진다. 생각을 논리적으로 표현하기 위해서는 반드시 연습해야 하는 것이 논술이다. 따라서 입시에서 논술이 강화되었다고 열심히 공부하고, 폐지되면 하지 않아도 되는 것이 아니다. 모든 글쓰기와 말하기의 저변에는 논리력이 필요하고, 이를 키우기 위해서는 반드시 논술을 배워야 한다.

논술도, 석고 데생도 입시용 테크닉은 존재한다. 입시만을 위해서라면 적당한 때에 테크닉을 익히면 된다. 하지만 입시에서 논술 시험이 사라지고 석고 데생 시험이 사라져도 언제나 변하지 않는 것이 있다. 그림 그리는 사람에게는 데생 실력이, 학문을 하는 사람에게는 논리력이 꼭 필요하다는 사실이다.

상대를 설득하는 논설문부터 연습하자

논설문과 논술문은 비슷하지만 다른 말이다. 논설문은 '주장하는 글'이다. 즉, '나의 주장을 설득하는 글'이다. 그래서 논설문은 주장과 근거가 주된 내용이다.

반면 논술문은 '나의 주장을 증명하는 글'이다. 논술문은 어떠한 문제를 논리적으로 해결하거나 그 과정을 드러내는 글이다. 논설문은 설득이, 논술문은 증명이 목적이다.

이제 막 글쓰기를 배운 아이에게 '너의 주장을 증명하라'는 요구는 무리이다. 따라서 논설문(주장하는 글)을 쓰며 차근차근 논리력을 강화한 뒤 논술문을 쓰는 것이 좋다.

많이 웃자

벼농사를 지키자

내 인생의 목적지

전통음식을 사랑하자

자연보호는 우리의 과업

6학년 교과서에 실린 주장하는 글(논설문)의 제목이다. 글의 전문을 싣지 않아도 어떤 내용인지 짐작이 갈 것이다. 주장과 근거가 주를 이루는 설득의 글이다.

그런데 아이들은 '주장하는 글' 쓰기를 즐기지 않는다. 주장하는 글은 어렵고 재미없다고 생각한다. 교과서의 주장글은 제목만 봐도 흥미가 떨어진다. 본보기 글이 이러하니 쓰기는 더 지루할 것이라고 생각하게 된다.

닌텐도 좀 사주세요.

엄마, 닌텐도 좀 사주세요. 제발 제 소원입니다.

엄마는 닌텐도를 하면 게임중독자가 된다고 하지만 그게 아닙니다. 일찍 산 친구들은 맨날 해도 게임 중독자 안됐어요. 닌텐도는 게임중독자를 만들지 않고 스트레스를 풀어줍니다. 중독자는 계속 빠져 있는 사람인데 하루에 30분만 하면 됩니다. 엄마가 사주면 시간 약속은 꼭 지키겠습니다.

닌텐도는 컴퓨터보다 전기세를 아낍니다. 닌텐도는 충전으로 하는 거라 건전지 값도 안 듭니다. 컴퓨터로 게임하면 바이러스도 걸리고, 시간도 많이 걸려요. 닌텐도는 금방 끌 수 있어요. 또 컴퓨터는 거실에서만 할 수 있는데 닌텐도는 어디나 가지고 다녀요.

닌텐도는 친구들과 모여서 할 수도 있어요. 서로 연결 돼서 같이 하면 더 친해진다고요. 나만 닌텐도가 없어서 친구들과 못 놀아요. 애들끼리만 모여서 하니까 나만 왕따 된 느낌이에요.

지난번에 엄마가 성취도평가 점수가 오르면 소원을 하나 들어준다고 했잖아요. 내 소원은 닌텐도입니다. 어른은 거짓말을 하면 안 됩니다. 대신 공부 열심히 한다고 약속합니다.

엄마, 제발 닌텐도 좀 사주세요!

5학년 아이의 글

간절한 주장의 글이다. 글쓴이는 나름의 논리를 내세워 엄마를 설득하고 있다. 과연 이 글로 엄마가 설득될는지 의문이지만 재미있는 내용이다. 게임기를 갖고 싶은 아이의 마음이 잘 드러났다. 주제를 뒷받침하는 근거들이 객관적이지 못하지만 아이의 삶이 드러나고 진심이 느껴진다. 이처럼 논설문이 모두 지루한 것은 아니다. 아이와 삶과 밀접한 주제를 정하면 논설문도 재미있게 쓸 수 있다.

다음의 글은 우리 아이가 4학년 때 쓴 글이다. 아이에게 자전거를 새로 사주었는데, 아이가 밖에 타고 나갔다가 그만 잃어버리고 말았다. 아이는 얼마 지나지 않아 다시 자전거를 사달라고 졸랐다. 아이가 간절하게 원하니까 다시 사주자는 생각도 들었지만 잃어버릴 때마다 사주면 물건의 소중함을 모를 것 같아 망설였다. 그래서 '자전거를 꼭 사야 하는 이유 10가지'를 써오게 했다. 글로 엄마를 설득하면 자전거를 사주겠다는 약속을 했다.

내가 자전거를 사야 하는 이유

지난번 새 자전거 잃어버린 일은 죄송합니다. 어렵게 산 건데 열쇠를 채우지 않고 논 것은 잘못이라고 생각합니다. 몇 번 타지도 못했는데 아깝습니다. 그동안 저는 많이 고민해보았습니다. 새 것을 잃어버렸으니 벌을 받아야 한다고 생각했습니다. 12만원이나 주고 산 건 데 돈낭비가 되었습니다. 그런데 아무리 생각해도 저는 자전거가 꼭 필요합니다.

1. 자전거가 있으면 학원 가는 시간을 줄일 수 있습니다. 학원 갔다 오는 시간이 짧아지면 공부를 더 할 수 있습니다.

2. 엄마의 심부름을 빨리 할 수 있습니다.

3. 건강해집니다. 줄넘기나 배드민턴도 좋지만 자전거는 이런 것들 보다 운동 시간이 깁니다.

4. 환경오염을 줄입니다. 자동차보다 자전거를 타는 게 공기를 맑게 합니다.

5. 친구들과 사이가 좋아집니다. 가윤이도, 승훈이, 찬혁이는 다 자전거가 있습니다. 같이 자전거를 타면 친해진 느낌이 듭니다. 그런데 요즘엔 자전거가 없어서 같이 못 타고 있습니다.

6. 나의 취미를 발전시킬 수 있습니다. 자전거가 취미인데 자전거를 못 타고 있으니 답답합니다.

7. 자전거가 있으면 공부에 집중할 수 있습니다. 자전거가 없으니까 자꾸 갖고 싶은 마음이 생겨 공부가 안됩니다.

8. 저는 자전거를 타고 중랑천을 달리는 게 좋습니다. 자전거를 타고 달리면 가슴이 뻥 뚫립니다. 공부하는 스트레스를 풀어줍니다.

9. 자전거를 한 번 잃어버렸기 때문에 다시 사면 옛날보다 더 소중하게 아낄 수 있습니다. 다시는 잃어버리지 않게 최선을 다하겠습니다.

10. 자전거를 잃어버렸는데도 사주시는 엄마한테 감사할 수 있습니다. 저를

용서해주시는 거니까요.

엄마 이정도면 될까요?

며칠 뒤 아이가 종이 한 장을 내밀었다. 엄마의 마음에 들기 위해 머리를 짜낸 흔적이 역력했다. 그렇지만 결국 8, 9번의 이유 때문에 자전거를 사주었다. 아이에게 설득 당한 것이다.

이처럼 주장하는 글은 사람을 설득하는 것이 목적이다. 상대를 설득하기 위해서는 고도의 전략이 필요하다. 글에 논리가 있어야 하고, 그 주장이 타당해야 한다. 주장에 따른 근거 또한 객관적이고 합리적이어야 한다. 그리고 무엇보다 상대의 마음을 움직일 수 있는 존중과 배려의 마음이 담겨야 한다. '주장하는 글'은 논리적이고 체계적인 말을 해야 상대를 설득할 수 있을 것 같지만, 진심을 보여주고, 상대의 마음을 헤아리는 것이 더 효과적일 때가 있다. 이성적이고 논리적인 글이라도 진심이 담겨 있지 않으면 상대의 마음을 움직일 수 없다.

아이의 생활에서 소재를 찾으라고 권하는 이유도 글 속에 진심을 담기 위해서이다. 아이가 벼농사를 지키고 전통음식을 사랑하자는 주제로 글을 쓰기는 힘들다. 잘 모르는 분야이기도 하고, 자신의 생활과 동떨어진 주세라서 진심을 남기가 힘들다. 주장하는 글을 쓸 때는 우선 아이의 삶과 관련이 있는 주제부터 정하자. 그러다가 점차 객관적이고 타당한 근거를 찾아낼 수 있는 주제로 확장해보자.

원인을 분석하고 독창적인 해결 방안 제시하기

논술문과 논술시험은 다르다

앞에서 논설문은 설득이, 논술문은 증명이 목적인 글이라고 밝혔다. 그러면 논술문과 논설문은 구체적으로 어떤 차이가 있는지 살펴보자.

범죄 원인은 개인적인가 사회적인가?

● 다음 글을 읽고 문제를 풀어보세요.

〔문제 9〕 〈제시문 1〉에서 〈제시문 6〉은 각각 범죄 발생 원인에 대한 견해를 담고 있다. 이 제시문들을 상반된 두 입장으로 분류하고, 그 입장들을 요약하시오.

2013년 사회계열 모의 논술(성균관대)

입시에 출제되는 문제의 예이다. 범죄의 원인이 개인적인지 사회적인지에 대한 견해는 사람마다 다를 수 있다. 어떤 근거 자료를 사용하고, 어떤 원인을 합리적으로 제시하느냐에 따라 다른 결과가 나온다. '이러한 까닭에 나의 견해는 이러하다'라는 글은 나의 주장이 옳음을 증명하는 글이다. 즉, 논술문이다. '이러한 까닭에 나의 견해가 가장 합리적이니 나의 주장을 받아들이라'고 설득하는 논설문이 아니다.

많이 웃자

벼농사를 지키자

내 인생의 목적지

전통음식을 사랑하자

자연보호는 우리의 과업

반면 6학년 교과서에 실린 위와 같은 제목은 독자가 글을 읽고 어떤 행동이나 마음의 변화를 가져오도록 요구하는 논설문이다.

그런데 논술문에는 논설문보다 논리적이고 객관적인 사실에 더 비중을 두어야 한다. 그러기 위해서는 수많은 연습과 훈련이 필요하다. 궤변이나 감정에 호소하는 글이 아니기 때문이다. 객관적 자료를 제시하고, 합리적 대안을 찾을 수 있는 힘을 길러야 비로소 논술문을 쓸 수 있기 때문이다.

그런데 먼저 알아야 할 것이 있다. 논술문과 논술 시험은 동의어가 아니라는 점이다. 논술문은 논리적 서술을 기본으로 하는 한 편의 완성된 글로, 논설문부터 논문까지 그 폭이 굉장히 넓다. 반면 논술 시험은 문제를 푸는 사람의 논리력이나 논술력을 평가하는 과정을 말한다. 그래서 논술 시험에 나오는 문제는 출제자에 따라 특정한 유형의

문제를 변형하고 통합해 출제한다. 논술 시험의 유형은 크게 다음과
같이 나눌 수 있다.

❶제시문을 요약하는 형태
❷주어진 자료를 비교 분석하는 형태
❸전제 조건하에 자료를 해석하고 비판하는 형태
❹여러 제시문을 비교 분석하고 문제 해결을 함께 논하는 형태

①번과 ②번의 경우에는 글을 바르게 읽고 분석할 수 있는 능력을
요구하는 반면, ③번 ④번은 글의 분석은 물론, 개인의 견해를 밝혀야
한다. 주제 또한 인문사회, 수리, 과학 등 여러 분야를 통합, 응시자의
논술 능력을 측정하는 방식이다.

이 책에서는 논술 시험의 기술적인 면은 다루지 않는다. 입시 논술
테크닉에 관한 정보는 여러 책이나 신문, 잡지에서도 쉽게 얻을 수 있
기 때문이다. 게다가 시험을 위해 익힌 기술은 논술문을 쓰는 데 그다
지 도움이 되지 않는다. 많이 써보는 것만큼 좋은 방법은 없다. 직접
토론하고, 쓰고, 고쳐보는 것이 가장 중요한 논술의 기술이라는 것을
알아야 한다. 논술에서 테크닉이 정말 필요한 때는 글을 다 쓰고 고치
기를 할 때뿐이다. 무엇을 어떻게 써야 할지 감도 못 잡은 아이에게 논
술의 기술은 중요하지 않다.

그리고 하루 빨리 논술문은 입시에만 필요한 글이라는 편견에서 벗

어나자. 지금 우리 아이들에게 필요한 것은 논술 시험 준비가 아니라 글을 논리적으로 쓸 수 있는 능력을 기르는 것이다. 간단한 '주장글' 부터 시작하여 차츰 '주장을 증명하는 글'을 쓸 수 있을 때 논리적인 글쓰기가 가능하다. 글을 논리적으로 쓸 수 있을 때만이 어떠한 유형의 논술 시험일지라도 두려움 없이 풀 수 있는 힘이 생긴다. 또한 논술문은 쓰기 어렵다는 생각도 버려야 한다. 아이의 생각을 담을 수 있는 쉬운 주제부터 시작하면 반드시 훌륭한 논술문을 쓸 수 있다.

앞서 이야기한 대로 먼저 논설문 쓰기부터 익힌 뒤에 논리적 글쓰기를 차근차근 시도해보기로 하자. 자, 이제 논술문 쓰기 과정을 구체적으로 배워보자.

논술문 쓰기 클리닉

우리 아이는 어떤 단계일까?

다음의 점검하기를 확인하고, 알맞은 단계에서 시작하자!

0~4개: 1단계(기초 단계) **5~8개:** 2단계(성장 단계) **9~12개:** 3단계(고급 단계)

점검하기

- ☐ 맞춤법과 띄어쓰기가 정확하다.
- ☐ 문제의 핵심을 잘 파악한다.
- ☐ 글을 쓸 때 개요표를 작성한다.
- ☐ 정확한 문장을 구사한다.
- ☐ 토론의 규칙을 알고 있다.
- ☐ 합리적인 이유를 들어 주장한다.
- ☐ 주장에 따른 객관적인 근거를 찾을 수 있다.
- ☐ 어떤 문제의 원인과 결과를 잘 파악한다.
- ☐ 다른 이의 의견을 경청할 줄 안다.
- ☐ 합리적인 해결 방안을 제시할 수 있다.
- ☐ 글의 분량에 관한 개념이 서 있다.
- ☐ 논리적 오류들이 무엇인지 알고 있다.

1단계는 '이유와 근거 찾기'를 통해 주장을 강화하도록 지도하는 데 중점을 둔다. 앞에서 제시한 '자전거를 사야 하는 10가지 이유'처럼 완성된 글의 형태가 아닌 다양한 이유 찾기부터 시작해본다.

주제도 '소풍을 놀이동산으로 가야 하는 이유'나 '학교 앞에서 파는 병아리를 사면 안 되는 이유'처럼 아이가 관심 있는 것을 제시한다. 처음에는 이유를 다섯 가지 정도 찾아보게 하다가 그 수를 늘린다.

● 자신의 의견을 정해보고 이유를 다섯 가지만 찾아보자.
  주제 : 학교 앞에서 파는 병아리는 사면 안 되나?

● 사면 안 된다.
  • 금방 죽는다.
  • 병아리가 자랄 환경이 안 된다.
  • 병을 옮길 수 있다.
  • 돈이 낭비된다.
  • 병아리가 불쌍하다.

이런 식으로 이유 찾기가 익숙해지면 단계를 높여 근거 찾기도 시도해본다.

이유 : 금방 죽는다.

근거 : 병아리는 어미가 키우거나 같은 무리에 있어야 잘 자라는데 사람이 한두 마리 키우면 쉽게 죽기 때문이다.

이유 : 병아리가 자랄 환경이 안 된다.

근거 : 병아리는 흙마당이나 풀이 있는 곳에서 잘 자라는데 집은 그렇지 못하고, 병아리가 자꾸 울면 시끄러워 주변 사람들에게 피해를 주기 때문이다.

이유와 근거 찾기가 끝나면 발표를 하는 시간을 갖는다. 이유와 근거가 타당한지 생각해보도록 하는 것이다. 다른 사람의 의견을 들어보아야 자신의 의견에 어떤 문제가 있는지도 깨닫게 된다. 여유가 된다면 줄글로 적어보게 하자.

point_ 1단계에서는

▶ 주장과 근거 찾기에 중심을 둔다.
▶ 아이의 주변에서 주제를 찾는다.
▶ 주장에 따른 이유 찾기부터 시작한다.
▶ 이유를 다섯 가지에서 출발해 차츰 개수를 늘린다.
▶ 많은 이유 찾기가 가능해지면 이제 중요한 것을 추려낸다.
▶ 앞에서 찾은 이유에 대한 근거를 찾아보게 한다.
▶ 근거가 타당하고 객관적인지 발표해본다.
▶ 줄글로 써본다.

2단계에서는 토론을 통해 논리력을 강화하는 교육에 집중한다. 논리력은 객관적 사실에 근거한 이유와 자료를 제시할 수 있을 때 자란다. 토론은 주제에 따른 원인 분석과 충분한 사전 조사를 한 다음에 하기 때문에 자연스럽게 논리력이 자라게 된다.

그런데 충분한 준비를 하고 토론에 임했는데도 실전에서 부족한 점이 나타날 수 있다. 그럴 때는 자료 정리의 시간을 갖게 해 논리를 강화할 수 있도록 지도한다. 간단한 토론 일지를 작성해보는 것도 좋은 방법이다. 충분한 토론을 거친 뒤 글쓰기를 진행해야 훨씬 알찬 글을 쓸 수 있게 된다.

하지만 이 단계의 아이들은 아직 글쓰기를 시작하지 않는다. 토론으로 논리력을 다지는 연습에만 집중한다.

point__ 2단계에서는

▶ 다양한 주제로 토론을 해본다.
▶ 주장에 대한 근거 자료를 충분히 마련한다.
▶ 토론 내용을 정리해본다.
▶ 여유가 된다면 줄글로 연결해본다.

3단계에서는 이제 완성된 형태의 글을 쓰게 된다. 토론을 통해 얻은 자료나 내용을 토대로 글을 쓰게 한다.

토론은 상대를 설득하는 말하기이므로 토론을 글쓰기에 비유한다면 논설문에 해당될 것이다. 그런데 토론 후에 쓰는 글은 토론에서 부족했던 부분이나 오류가 있던 부분을 수정하여 훨씬 더 논리적인 글을 쓰게 되므로 자연스럽게 논술문의 형태를 띠게 된다. 3단계에서는 토론을 끝낸 후 논리를 강화하고, 필요한 정보를 첨가하여 논술문을 쓰도록 하자. 하지만 초등학생들에게 논제를 증명하도록 요구하는 것은 무리이다. 초등학생들은 논설문에서 조금 더 나아가 논리를 강화하는 선에서 논술문을 쓰게 해야 한다.

만약 토론 없이 논술문을 써야 할 경우에는 토론하는 과정을 상상하도록 하고 근거 자료를 찾게 하자.

point_ 3단계에서는

▶ 주제에 따른 의견을 명확히 한다.
▶ 자신의 주장을 뒷받침할 수 있는 근거 자료를 충분히 찾는다.
▶ 합리적인 해결 방안을 생각한다.
▶ 글의 구성을 짠다.

> ▶ 논술문을 쓴다.
> ▶ 퇴고 과정을 통해 논리적 오류를 찾아낸다.
> ▶ 주장이 논리적인지 살펴본다.
> ▶ 정확한 문장과 맞춤법을 사용했는지 확인한다.

다음 글들은 5학년부터 6학년까지, 약 2년간 한 아이와 함께 토론하기와 논리적인 글쓰기 연습을 진행한 자료이다. 아이의 글이 변화하는 과정을 통하여, 논리적인 글쓰기를 어떻게 지도해야 하는지 알아보자.

누군가의 생각을 내 것처럼 말하는 버릇을 고치자

성형수술과 아름다움

얼마 전, 한 대학생인 성형수술을 위해서 커피숍에서 금품을 훔친 사건이 있었다. 사람들이 커피를 가지러 간 사이 노트북과 명품 가방을 훔친 것이다. 그 혐의로 감옥행을 받았다. 조사 결과 그는 성형수술을 하기 위해 3~4백만원이 필요했다고 한다.

그럼 왜 이런 성영을 중요시하는 것일까?

첫째, TV나 회사에서 외모가 중요하다 표현하기 때문이다. 둘째, 취직, 결혼 등을 위해 자신감을 얻어야 하기 때문이다. 셋째, 외모만 따지기 때문이다.

그럼 외모 지상주의의 문제점은 무엇일까? 부작용이 생겨 전보다 더 못생겨질 수 있다. 돈이 낭비된다. 결국 돈이 낭비되어 집 살 돈도 없게 된다.

진정한 아름다움을 알아보자. 진정한 아름다움이란 외모로 따지지 않고 내면으로만 따져 생각하는 것이 진정한 아름다움이라고 할 수 있다.

5학년 때의 글

처음으로 논리적인 글쓰기를 배운 다음 쓴 글이다.

아이는 이 글을 쓰기 위해 개요표를 공들여 짰다. 문단이 잘 나뉘어 있고, 서론·본론·결론에 대한 개념도 확실하다. 그런데 각 문단이 자연스럽게 연결되지 않는다. 개요표에 따른 글의 구성에 지나치게 신경을 쓰다 보니 문단이 이어져야 한다는 생각은 미처 하지 못했다.

문제의 원인과 분석도 상투적이다. 다른 사람의 의견이나 글을 압축하여 적었다. 결론도 익히 들어본 말이다. 이런 경우에는 누군가의 생각을 내 것처럼 말하는 버릇을 고치도록 지도해야 한다.

감정을 배제하고 객관적인 눈으로 문제를 직시하자

음식문화와 문화상대주의

예전에 프랑스의 한 여배우가 우리 한국인들에게 개고기를 먹지 말라며 편지를 보냈다. 하지만 이것은 옳지 않다. 나라의 문화인데 겨우 여배우 한 명이 뭘 잘했다고 비판하는지 모르겠다. 프랑스인들도 거위의 간인 푸아그라와 달팽이요리를 먹으면서 괜히 우리나라 보고 뭐라고 하니 화가 난다.

우리나라 사람들이 개고기를 먹게 된 데는 이유가 있다. 옛날 가난한 시절에 단백질을 보충하기 위해 먹었다. 개고기는 동물 학대처럼 보이지만 단백질이 많아 몸을 보충할 수 있었다. 그렇게 해서 개고기 먹는 문화가 생긴 것이다.

- 중략 -

5학년 때의 글

논술문은 자신의 주장을 드러내는 글이라는 생각에 사로잡혀 쓴 글이다. 아이는 아직 객관적인 시각이나 논리를 이해하지 못하고 있다.

아이는 문화상대주의라는 어려운 주제를 풀기 위해 '개고기 먹는 문화'를 이야기한다. 그런데 서론만 읽어도 아이가 매우 흥분하고 있다는 게 느껴진다. 오류도 눈에 띈다. '거우 여배우 힌 명'이라는 표현은 인신공격성 발언인데다, 프랑스 여배우 한 명 때문에 프랑스 음식 문화까지 싸잡아 비판하는 것은 '성급한 일반화의 오류'에 해당된다. 아이의 관점이 지나치게 편향되어 있다.

논리적인 글은 주제를 보는 눈이 객관적인지, 논리적으로 합당한지가 중요한 요건이다. 그래서 글을 쓰면 비뚤어졌던 시각이 바로잡히기도 한다. 이런 경우에는 프랑스 여배우가 왜 개고기 먹는 문화를 비판했는지 진지하게 조사해보아야 한다. 개를 가족처럼 여기는 프랑스 사람들의 입장을 미리 알았더라면 이러한 시각에서 글을 쓰지는 않았을 것이다. 논리적인 글은 반드시 확실한 근거 자료를 바탕으로, 감정을 배제하고 객관적으로 써야 한다. 그저 드러난 현상만 보고 불확실한 논리를 세우는 것은 논리적 글쓰기가 아님을 알려주자.

원인을 분석하고 독창적인 해결 방안을 제시하자

청소년 게임중독과 해결 방안

게임 중독은 나이를 떠나 우리 사회의 가장 큰 문제가 되고 있다. 특히 청소년들은 그 심각성이 큰데, 조사결과 초중고생의 약 15만 명이 게임중독 상태라고 한다. 이중 7.7% 약 51만 명이 게임 중독이라는데 더 큰 문제가 있다. 자라나는 아이들의 미래가 걱정되는 결과가 아닐 수 없다.

그럼 아이들은 왜 이렇게 게임에 빠져있는 걸까? 그건 현실에서 느끼는 소외감을 가상현실인 게임 사회에서 보상받으려고 하기 때문이다. 현실에서는 외로운 존재이지만 게임에서는 소속감을 느끼기 때문이다. 두 번째는 게임만 잘하면 남들에게 인정받을 수 있기 때문이다. 공부는 어렵고 힘든데 게임은 쉽고, 레벨은 올라가니까 게임에서 더 인정을 받는 것이다. 셋째는 승부욕 때문이다. 남들에게 인정받지 못하는 패배감을 게임을 통해 해소하고 이기는 것으로 스트레스를 풀려하기 때문이다.

이렇게 게임에 빠져있으면 사람들로부터 더 소외되고, 스트레스가 쌓이며, 폭력적으로 변할 뿐이다. 결국 자라서도 사회에 적응으로 못하게 된다.

방법을 세워야 한다. 우선 예방 교육을 강화하고, 가족 간에 소통하고, 교육제도를 개선하고, 치료기관을 만들면 게임 중독을 막을 수 있을 것이다.

6학년 때의 글

6학년이 되었을 때 쓴 글이다. 제법 논리적인 구성을 갖추었다. 자료 조사를 통해 알아낸 통계 수치를 이용해 문제점을 알리려는 노력도 엿보인다. 문제의 원인을 분석하는 능력도 생겼다. 반면 글이 진행될수록 허술해지는 단점이 있다. 결말도 성급하게 끝맺었다.

중요한 것은 원인 분석과 더불어 문제점을 어떻게 해결할 것인가를 비중 있게 다루어야 한다는 점이다. 논술문은 자신의 주장을 '증명'하는 글이다. 열심히 썼지만 끝을 잘 마무리 짓지 못해 아쉬운 글이다.

논술문은 아이들이 쓰기에는 제법 긴 글이다. 주제를 정한 다음 원인을 분석하고, 논리적인 근거를 들며, 독창적인 해결 방안을 제시하기 위해서는 많은 노력과 연습이 필요히다. 게다가 입시나 논술문 쓰기 대회에서는 글의 분량을 정해놓고 그 안에서 문제를 해결해야 하기 때문에, 원인 – 분석 – 해결 방안 등을 어떻게 배분해야 할지 충분히 연습해야 한다.

정확한 표현과 맞춤법으로 글의 가치를 높이자

사형제도는 폐지해야 한다.

우리나라는 12년간 사형집행을 시행하지 않았다. 그래서 갈수록 범죄자 늘어난다며 사형을 집행해야 한다는 의견이 있다. 우리나라는 사형제도가 존재하므로 법을 집행하여 법이 살아 있음을 보여주어야 범죄 예방을 해야 한다는 의견이다.

그러나 사형제도는 폐지해야 한다. 그 이유는 사형제도는 범죄 예방에 효과가 없다. 즉 아무리 사형을 해도 줄지 않는다는 것이다. 둘째, 전 세계 70%의 나라들이 사형제를 폐지했다. 대신 오랜 기간 징역형을 내린다고 한다. 셋째, 억울한 사람도 있기 때문에 죽여서는 안 된다. 억울하게 죄를 쓰고 사형이 된 사람은 다시 살지 못하기 때문이다. 넷째, 생명은 소중하기 때문이다.

하느님은 세상에 사람을 보내 자유롭게 살라고 내려 보내 주신 소중한 존재인데 사형을 하면 불쌍하니까 사형하면 안 된다고 생각한다.

6학년 때의 글

어른에게도 어려운 주제인 '사형제 폐지' 논란에 대해 자신의 견해를 밝힌 글이다. 이 글의 장점은 사형제를 폐지해야 한다는 자신의 주장을 펴기 전에 먼저 반대편의 견해를 밝혔다는 점이다. '나의 주장과 근거는 이것이다'가 아니라, '너의 의견은 이런데 나는 이렇게 주장한다'로 글을 진행한 것이다.

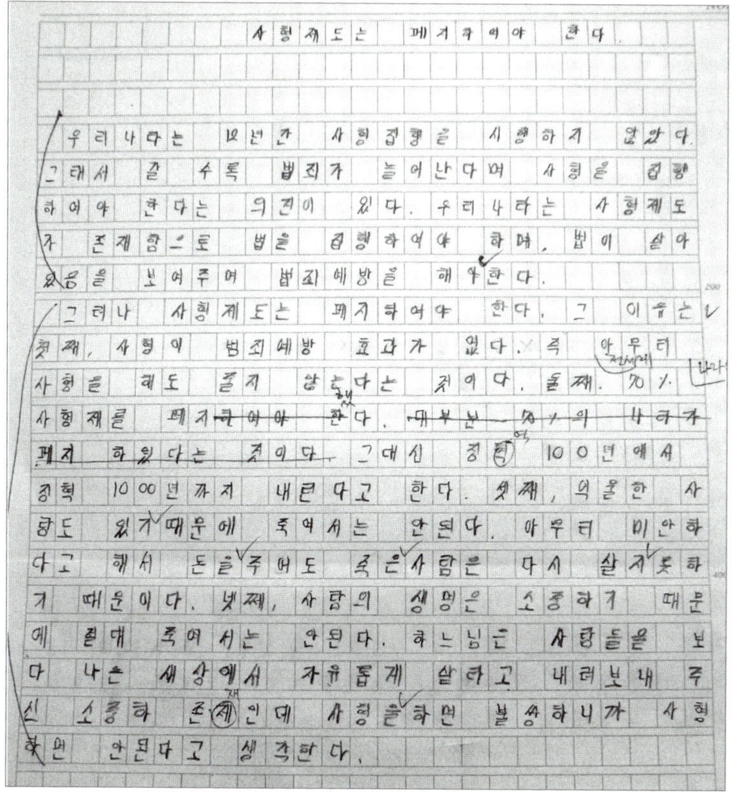

이러한 구성은 아이가 문제를 정확히 인식하고 있다는 것을 보여준다. 그러나 표현의 부정확함 때문에 이러한 장점이 돋보이지 않는다. 정확하지 않은 낱말을 사용했을 뿐만 아니라 주어와 서술어의 호응이 맞지 않는 문장들이 눈에 띈다.

논술문은 기본적으로 문법이나 맞춤법을 잘 지켜야 한다. 정확하지 않은 표현과 문장은 아무리 독창적이고 명료한 글이라도 그 가치를 떨어뜨린다는 것을 알려주자.

지식과 정보가 풍부해야 탄탄한 글을 쓸 수 있다

유전과 환경

일란성 쌍둥이들은 외모나 목소리, 성격 등이 비슷하다. 같은 부모에서 같은 유전자를 받았기 때문이다. 하지만 아무리 쌍둥이라고 하여도 지능이나 취향은 다를 수 있다고 생각하는 사람이 많다. 그런데 일란성 쌍둥이로 태어났지만 40년간 헤어져 있다가 다시 만난 스프링거와 루이스는 이 사실이 틀릴 수도 있다는 걸 증명하고 있다. 이 둘은 서로 다른 환경에서 자랐지만 성격은 물론 취미와 IQ, 생활방법이 거의 비슷했다.

그럼 인간의 지능과 성격은 유전적 요인과 환경적 요인 중 무엇의 영향을 많이 받는 걸까?

과학자들은 이 사실을 연구하기 위해 쌍둥이를 대상으로 실험을 했다. 특히 일란성 쌍둥이는 동일한 유전자를 가지고 있기 때문에 지능과 성격을 연구하는데 중요한 자료를 제공한다. 그런데 지능과 성격의 유전적, 환경적 요인에 대해 아직 정확히 정해진 것은 없다. 선천론을 주장하는 학자들은 인간은 본성을 타고난다고 하고, 경험론을 주장하는 학자들은 오로지 경험과 환경에 의해 결정된다고 주장한다. 다만 타고난 고유의 특질과 5~6세 이전에 받는 경험은 바뀔 수 없는 부분이라고 지적한다.

일란성 쌍둥이 가운데 다른 가정에서 자란 100쌍을 골라 지능을 재어본 결과

72%가 비슷했다. 하지만 나머지 28%는 양육이나 환경의 영향에 따라 달라질 수 있음을 나타낸다고 한다. 72%의 변하지 않는 유전자의 특징 때문에 28%의 변화의 힘을 포기해서는 안 된다. 때로는 1%의 가능성이 세계를 변화시키기도 한다는 것을 명심해야 할 것이다.

6학년 때의 글

위의 글에서 아이는 지능과 성격이 유전적인 요인으로 결정되는지, 환경적인 요인으로 결정되는지를 분석하고, 자신의 주장을 증명하려고 했다. 제법 어려운 내용인데도 충분한 자료 조사와 사례로 주제에 관해 논증하려는 자세가 좋다.

처음 논리적 글쓰기를 시작했을 때의 글과 마지막 글은 비교할 수 없을 정도로 깊이가 다르다. 아이는 약 2년간 꾸준한 연습을 통해 논술문 쓰기가 그다지 어렵지 않다는 것을 알았고, 이제는 토론을 하지 않아도 스스로 논술문을 쓸 정도의 실력이 되었다.

논술문은 좋은 아이디어나 생각만으로 써지지 않는다. 다양한 지식과 정보를 갖추고 있을 때 비로소 탄탄한 글을 쓸 수 있다. 많이 읽고, 많이 생각하게 하자. 그리고 많이 써 보게 하자. 아이가 직접 써 봐야 자기 글의 문제점을 살피고 고칠 수 있다. 부모가 자꾸 방법과 형식에 얽매여 강요하면 아이는 논술문 쓰기를 기피하게 된다. 인내심을 가지고 차근차근 논설문부터 쓰기 시작하게 하자. 그러면 제법 훌륭한 논술문을 쓰는 날이 올 것이다.

Part 5 동심이 없는 동시,
어디서 본 듯한 동화는
이제 그만

생애 처음 만나는 문학

아이가 초등학교에 들어가 처음 공부하게 되는 문학작품은 무엇일까? 철수와 영희, 바둑이가 등장하는 생활이야기도, 호랑이 담배 피우던 시절의 전래이야기도 아니다. 놀랍게도 아이가 생애 처음으로 접하게 되는 문학은 동시이다.

그동안 교과서는 여러 번의 개정을 거쳤다. 첫 아이를 입학시키는 부모는 오랜만에 교과서를 접하게 되는데, 이때 대다수의 부모들이 이질감을 느낀다. 공부하는 과목도, 내용도 많이 달라졌기 때문이다.

초등학교에 입학한 아이는 3월 한 달 동안 '우리들은 1학년'이라는 교재를 공부한다. 이 교재는 바른 생활습관을 길러 학교생활에 적응할 수 있도록 돕는다. 과거 국어 교과서의 처음을 장식했던 선긋기와 색칠하기, 자음·모음과 같은 기초 학습을 '우리들은 1학년'에서 익힌다. 그다음 국어 교과서로 문장 공부를 하면서 읽기와 쓰기를 배운

230

다. 이때 처음으로 접하는 글이 바로 동시이다.

'철수야, 안녕?' '순이야, 안녕?' '바둑이도 같이 놀자'와 같이 일상 언어로 처음 읽기와 쓰기를 배우던 어른들과는 사뭇 다른 시작이다. 영어를 처음 배울 때에도 먼저 글자의 음소를 배운 후, 단어를 공부하고, 문장을 공부한다. 이 단계가 끝나면 일상생활을 다룬 이야기를 통해 읽기와 쓰기를 배운다. 영어를 배우면서 시를 읽고 쓴 기억은 없다. 그런데 우리는 동시로 읽기와 쓰기를 시작한다. 한글이 소리글이기 때문이다. 한글은 소리 나는 것을 그대로 옮겨 적을 수 있기 때문에 음소를 익히면 쓰기가 쉬워진다. 따라서 의성어나 의태어가 많이 들어간 동시를 배우며 '소리로서의 언어유희,' '문자로서의 언어유희'를 느끼도록 구성한 것이다.

구슬비

권오순

송알송알 싸리잎에 은구슬
조롱조롱 거미줄에 옥구슬
대롱대롱 풀잎마다 송송
방긋 웃는 꽃잎마다 송송송

고이고이 오색실에 꿰어서

달빛 새는 창문가에 두라고

포슬포슬 구슬비는 종일

예쁜 구슬 맺히면서 솔솔솔

초등학교 1학년 국어 읽기

「구슬비」는 동요로도 잘 알려진 동시이다. 새벽에 맑은 옹달샘을 떠 먹듯 마음이 맑아지는 느낌이다. 「구슬비」는 초등학교 1학년 아이들이 낱말과 문장을 익힌 다음 가장 먼저 접하는 문학작품이다. 세상에 태어나 가장 먼저 맛보는 모유처럼 동시는 아이들의 문학적 모태가 되는 글이다.

아이들의 순수한 감성을 담은 시

오는 길

피천득

잘잘대며

타박타박

걸어오다가

앙감질로

깡충깡충

뛰어오다가

깔깔대며

배틀배틀

쓰러집니다.

초등학교 1학년 국어 읽기

「오는 길」은 아기의 걸음마 모습을 마치 눈에 보이듯 의성어와 의태어로 감칠맛 나게 표현한 동시이다. 이 시를 통해 아이들은 말의 재미와 리듬감, 언어의 아름다움을 느낄 수 있다. 그런데 현실은 그다지 낭만적이지 않다. 이제 막 글을 읽고 쓸 수 있게 된 1학년 아이들은 '아이가 걸어오는 모습은 어떤 말로 표현하였나요?'와 같은 문제풀이와 받아쓰기 시험을 보게 된다. 마음으로 동시를 느끼기보다는 암기하고 내용을 파악하는 데 집중하는 것이다.

동시 몇 편을 읽었다고 동시가 저절로 써지지는 않는다. 동시가 짧고 쉬워 보이지만 함축적인 내용으로 운율을 살려 쓰기란 어려운 일이다. 동시를 잘 쓰기 위해서는 엄청난 내공과 문학적 소양이 필요하다. 특히 「오는 길」과 같이 언어의 유희와 밀접한 관련이 있는 동시는 언어를 공들여 갈고 다듬을 줄 아는 전문적 능력이 있어야 한다.

하지만 어른들은 1학년 아이들이 가장 잘 쓸 수 있는 글이 동시라고 믿는다. 각종 쓰기대회에서 1학년 아이들에게 동시를 쓰게 하니까. 일부 학교에서는 축제와 같은 행사에 저학년이 쓴 동시전을 열기도 한다. 또 1학년 말이 되면 아이들의 동시를 묶어 문집을 내기도 한다.

동시는 아이들의 눈높이에서 아이들의 감성을 담은 시이다. 짧은데다 아이들의 마음이 담겨 있기 때문에 아이들이 가장 잘 쓸 수 있는 분야로 보일 수도 있다. 하지만 아이들이 쓴 짧은 글이라고 모두 동시가 되는 것이 아니다. 시는 문학이기 때문에 문학적으로 갖추어야 할 최소한의 조건이 충족되어야 한다. 최소한의 조건이란 전문적인 자격을 이르는 말이 아니다. 반드시 아이들의 순수한 시적 감성이 담겨 있어야 한다는 뜻이다. 시적 감성은 다른 사람이 쓴 동시를 읽으며 그 속에 있는 감성을 느낄 줄 알아야만 발현된다. 그러기 위해서는 먼저 동시를 많이 읽고 감상하는 훈련이 필요하다.

언어와 감성 발달을 위한 동시 교육

읽기나 쓰기는 사실 생활문 같은 산문으로 시작하는 것이 효과적이다. 언어 사용의 범위가 넓어 어휘의 쓰임을 잘 익힐 수 있기 때문이다. 그런데 우리 국어 교과서는 동시부터 소개한다.

새야 새야 파랑새야

녹두밭에 앉지 마라

녹두꽃이 떨어지면

청포 장수 울고 간다

학자들은 동시의 기원을 시가 글자로 표현되기 이전, 누가 만들었는지 모르는 구전동요라고 말한다. 구전동요는 엄밀한 의미에서 동시라고 말하기는 곤란하다. 구전동요는 당시의 시대나 사회, 정치적 현실을 담고 있을 뿐, 아이들의 마음이 담겨 있지 않기 때문이다.

봉건시대에는 아동을 불완전한 인격체로 여겼기 때문에 '아이들을 위한 문학'이란 개념조차 없었다. 그러던 것이 1900년대 이후, 신문학과 산문문학이 발달하면서 드디어 아동문학이 태동하게 되었다. 하지만 최남선의 「해에게서 소년에게」 시에서 알 수 있듯 시의 독자는 '소년,' 즉 청소년이다.

1920년대에 들어와서야 방정환을 중심으로 아동에 관한 개념이 정립되고, 아동이 미래의 희망임을 인식해 아동문학이 시작되었다. 방정환은 아동문제 연구단체인 '색동회'를 만들고 아동의 인격을 존중하는 분위기를 조성했다. 그러자 본격적인 동시 운동이 일어난다. 이후 동시는 꾸준한 발전을 거듭하여 지금에 이르고 있다.

동시의 역사를 통해 한 가지 사실을 알 수 있다. 즉, 동시가 단순히 아이들에게 깨달음을 주고 지식을 가르치기 위한 수단이 아니라는 점이다. 비록 동시가 아이들을 계몽해야 할 존재라는 인식으로 시작되긴 했지만, 동시는 아이들의 마음을 들여다보고 어루만져주며, 아이들의 감성을 이해하고, 아이들의 마음을 소중하게 여기는 문학이라는 사실이다.

초창기의 동시는 시인들이 썼다. 운문문학 중에서도 동시는 특히 언어를 아름답게 갈고 닦아야 하므로 전문적인 소양을 갖춘 시인들이 주로 쓰게 된 것이다. 동시는 언어를 가장 아름답게 가꾸어주고, 말의 아름다움을 추구하는 문학이다.

그래서 아이들이 동시를 배우면 아름다운 말, 고운 표현, 바른 문장, 적절한 표현법을 배우게 된다. 동시 교육은 아름답고 고운 언어 발달과 따뜻하고 순수한 마음을 익히는 데 도움을 준다. 당장 성적을 올리기 위해 동시를 배우는 것이 아니다. 동시 교육은 언어 발달과 감성 발달을 위해 반드시 필요하며, 아이들의 삶을 풍요롭게 해준다.

공감과 소통 능력을 키워주는 문학 교육

동시 교육은 동시를 읽고 감상하는 것에서부터 시작한다. 도서관이나 서점에서 어렵지 않게 동시집을 접할 수 있으므로, 아이와 함께 동시를 읽고 감상하도록 한다. 감상만 해도 시적 감각이나 운율, 리듬감 등을 익힐 수 있다. 그런 다음 대화를 통해 생각과 느낌을 세밀하게 표현하는 방법을 연습하고, 의성어나 의태어 같은 다양한 시적 표현과 운율을 배우도록 한다.

올바른 동시 교육은 언어 발달은 물론, 아이들의 순수한 마음을 드러내고 간직할 수 있게 해준다. 그런데 이러한 감성적인 효과뿐일까? 동시를 읽고 쓰는 교육은 구체적으로 학습에 어떤 도움을 줄까?

해야 솟아라. 해야 솟아라. 말갛게 씻은 얼굴 고운 해야 솟아라. 산 넘어 산 넘어서 어둠을 살라 먹고, 산 넘어서 밤새도록 어둠을 살라 먹고, 이글이글 앳된 얼굴 고운 해야 솟아라.

달밤이 싫어, 달밤이 싫어, 눈물 같은 달밤이 싫어, 아무도 없는 뜰에 달밤이 나는 싫어…….

해야, 고운 해야. 네가 오면 네가사 오면, 나는 나는 청산이 좋아라. 훨훨훨 깃을 치는 청산이 좋아라. 청산이 있으면 홀로라도 좋아라.

사슴을 따라 사슴을 따라, 양지로 양지로 사슴을 따라, 사슴을 만나면 사슴과 놀고,

칡범을 따라 칡범을 따라, 칡범을 만나면 칡범과 놀고…….

해야, 고운 해야. 해야 솟아라. 꿈이 아니래도 너를 만나면, 꽃도 새도 짐승도 한 자리 앉아, 워어이 워어이 모두 불러 한 자리에 앉아 애띠고 고운 날을 누려 보리라.

박두진, 「해」

중학교 교과서에 나오는 박두진의 「해」이다. 해방을 맞을 때의 기쁨과 설렘을 상징적인 소재에 담아 쓴 시이다. 행의 구분이 없는 산문시

이지만 반복적인 시어나 문장을 나열하여 보이지 않는 운율을 형성하고 있다. 그리고 시를 읽기만 해도 시인이 좋아하고(해) 싫어하는(달밤) 대상이 무엇인지 쉽게 알 수 있다.

부모 세대도 이 시를 배웠다. 빨간색, 파란색 볼펜으로 시어의 숨은 의미를 적고, 시의 종류는 무엇이며, 주제는 무엇인지, 지은이는 왜 이런 시를 쓰게 되었는지 달달 외웠던 기억이 있다. 그런데 아이러니하게도 그때 배운 내용들은 거의 기억하지 못한다. 오히려 그러한 교육 때문에 이 시가 멀게 느껴졌을 것이다.

사실 「해」는 읽는 이의 마음에 따라 다양하게 해석할 수 있다. 지금 사랑을 하고 있는 사람이라면 '해'는 사랑하는 연인이고, '달밤'은 그 사람과 헤어진 시간을 의미할 것이다. 친한 친구와 헤어질 사람이라면 '해'는 헤어져야 할 친구를, '달밤'은 그 친구와의 헤어진 시간을 의미할 수도 있다. 주문을 외듯 '해야 솟아라'라고 말하고, 모두 불러 한자리에 앉아 고운 날을 누린다는 부분에서는 밝고 희망찬 분위기를 느낄 수 있다. 또 '청산,' '양지,' '고운'과 같은 긍정적인 시어들과 '달밤,' '어둠,' '눈물' 같은 부정적 시어가 대립을 이루어 이러한 시어에서 시인이 어떠한 감성으로 시를 썼는지 짐작할 수 있다.

해야 솟아라. 해야 솟아라. 말갛게 씻은 얼굴 고운 해야 솟아라. ㉠산 넘어 산 넘어서 어둠을 살라 먹고, 산 넘어서 밤새도록 어둠을 살라 먹고, 이글이글 앳된 얼굴 고운 해야 솟아라.

달밤이 싫어, 달밤이 싫어, 눈물 같은 달밤이 싫어, 아무도 없는 뜰에 달밤이 나는 싫어…….

해야, 고운 해야. 네가 오면 네가사 오면, 나는 나는 청산이 좋아라. ㉁훨훨 훨 깃을 치는 청산이 좋아라. 청산이 있으면 홀로라도 좋아라.

㉢사슴을 따라 사슴을 따라, 양지로 양지로 사슴을 따라, 사슴을 만나면 사슴과 놀고,

㉣칡범을 따라 칡범을 따라, 칡범을 만나면 칡범과 놀고…….

해야, 고운 해야. 해야 솟아라. 꿈이 아니래도 너를 만나면, 꽃도 새도 짐승도 한 자리 앉아, 워어이 워어이 모두 불러 한 자리에 앉아 애띠고 고운 날을 누려 보리라.

박두진, 「해」

1. 이 시에 쓰인 대조적인 의미의 시어와 시구를 정리한 것이다. 빈칸에 들어갈 알맞은 소재를 모두 찾아 쓰시오.

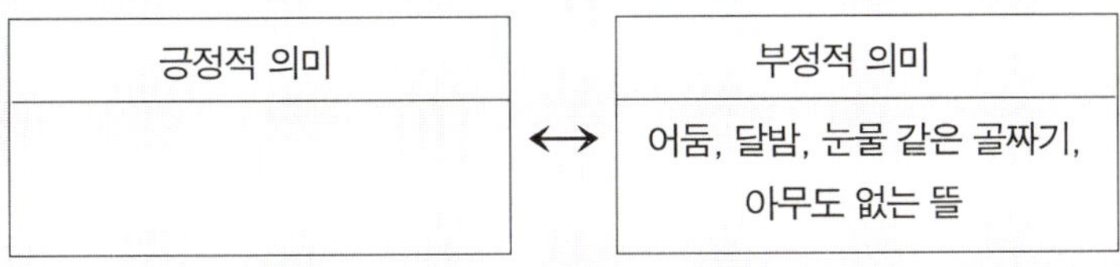

긍정적 의미		부정적 의미
	↔	어둠, 달밤, 눈물 같은 골짜기, 아무도 없는 뜰

2. 이 시를 어떤 어조로 낭송하면 좋을지 쓰시오.

3. ㉠~㉣에서 공통적으로 느껴지는 분위기를 쓰시오.

『EBS TV 중학 문학1』, 한국교육방송공사, 14쪽

실제 중학교 아이들이 푸는 국어 문제집의 한 부분이다. 물론 우리는 이 시를 분석하지 않아도 쉽게 문제를 풀 수 있다. 앞에서 이 시의 분위기를 다양하게 이야기했기 때문이다. 하지만 대부분의 아이들은 이러한 문제를 몹시 어려워한다. 그런데 이러한 문제를 쉽게 푸는 아이들도 있다. 주로 책을 읽고 글을 쓰며 '논리적 자기표현' 교육을 계속해온 아이들이다. 이 아이들은 시를 이해하는 것만으로도 시험을 잘 본다.

하지만 보통 아이들은 중학교만 올라가도 국어를 어려워한다. 다양한 문제 유형 가운데 아이들이 가장 힘들어하는 문제는, 바로 글에 담긴 '정서와 분위기'를 묻는 질문들이다.

- 위 글에 나타난 글쓴이의 심정으로 적절하지 않은 것은?
- 그리움의 정서가 드러나는 화자의 구체적 행동은 무엇인가요?
- 위 글로 짐작할 수 있는 화자의 상황은 어떤 것인가요?
- 기쁨과 설렘의 정서가 드러난 소재를 찾으시오.
- 향토적이며 서정적인 분위기를 드러내는 배경은 무엇인가요?
- 위 글을 통해 알 수 있는 소년의 심리를 쓰시오.
- 위 글을 읽으면서 떠올린 장면으로 적절하지 않은 것은?
- 위 글을 읽은 독자의 반응으로 적절하지 않은 것은?

단순한 암기만으로는 이러한 질문에 답할 수 없다. 이 사람이 기분이 좋은지 안 좋은지, 이 상황이 아름다운지 평화로운지, 이 감정이 그리움인지 외로움인지는 암기로 구분할 수 없는 것이다. 분위기나 정서를 묻는 질문들은 섬세한 감정의 골을 이해해야 답할 수 있다.

동시를 읽고 쓰는 일은 다른 이의 감정을 헤아리고, 내 감정을 드러내는 행위이다. '어떠한 감정을 나타낼 때, 그 감정을 무슨 말로 나타내느냐 하는 것을 가장 깊이 생각하고 고르며' 쓰는 문학이 동시이다(이원수, 『아동문학입문』, 소년한길사, 260쪽). '세밀하게 느낀다는 것, 심정을 말로 적절하게 나타내는 것, 이런 것이 우리들의 국어 생활을 윤택하게 해주며, 솔직하게 표현하는 버릇을 기를 수 있게' 해주는 것이다(위의 책 269쪽).

언론매체에서는 요즘 사람들이 과거의 사람들보다 공감 능력이 떨어진다고 말한다. 다른 이의 슬픔에 아파하거나, 자신의 슬픔을 드러내 위로받는 일에 서툴다고 진단한다. 이는 심각한 사회 문제이다. 게다가 소통하지 못하는 사람들은 자신의 꿈을 이룰 수 없다. 사회나 기업의 리더에게 가장 필요한 능력은 바로 이 공감, 소통의 능력이다. 지식이 많은 것으로 리더의 자격을 평가받던 과거와는 사뭇 다르다. 따라서 학교 시험도 단순한 암기 지식을 묻지 않고 정서와 분위기, 감정을 묻는 질문들이 늘었다.

올바른 동시 교육은 공감하고 소통하는 힘을 길러준다. 아이에게 동시를 꼼꼼히 읽게 하고 직접 써보도록 지도하자.

마음의 소용돌이를 포착하여 표현하라

낯선 시선으로 바라보자

지우개

초등학교 1학년

지우개는 불쌍해요.

친구들이 몸을 자르면

마음으로 울어요.

그래도 친구들의 글씨가 틀리면

자기 몸으로 지워줘요.

지우개는 착해요.

친구들이 몸을 뚫어도

마음으로만 울어요.

그래도 친구들을 안 떠나고

틀린 것을 지워줘요.

물건을 함부로 다루는 아이의 모습을 지우개에 빗대어 표현한 동시
이다. 심심하거나 화가 날 때 애꿎은 물건에 화풀이를 한 경험은 누구
에게나 있다. 그런데 만약 화풀이를 당한 물건이 감정을 가지고 있다
면 어떨까? 아마도 물건을 던지는 것 같은 화풀이는 쉽게 하지 못할
것이다. 이 동시는 지우개를 의인화하여 상처받은 아이의 마음을 표
현했다.

이 시는 내성적이고 예민한 아이의 작품이다. 아이는 또래 아이들
과 잘 어울리지 못했다. 아이는 지우개를 보며 자신의 모습을 떠올렸
을 것이다.

동시는 일상에서 느끼는 감정이나 감동의 순간을 사진을 찍듯 글로
표현한 문학이다. 어떠한 상황이나 순간에 느끼는 마음의 소용돌이를
그냥 흘려보내지 않고 포착하여 밖으로 드러낸 것이다. 「지우개」는 지
우개가 자신처럼 감정을 가지고 있다면 어떨까를 생각했고, 이 감정
을 놓치지 않고 표현했다.

봄비

최만조

봄비가

그림을 그린다.

새싹은

파랗게 칠하고,

진달래는

빨갛게 칠하고,

개나리는

노랗게 칠하고,

봄비가

그림을 그린다.

『시가 말을 걸어요』, 토토북, 26쪽

　추운 겨울에는 다시 봄이 오지 않을 것 같다. 그런데 신기하게도 봄비가 내리면 어느새 봄이 훌쩍 곁에 다가온다. 이 시는 봄비와 함께 성큼 다가온 봄의 모습을 잘 나타내고 있다. 글쓴이는 온통 회색빛이던 거리가 알록달록 수채화처럼 변하는 순간의 감동을 놓치지 않고 간직했다가 한 편의 멋진 동시로 그려냈다. 신비로운 자연의 생명력을 쉽고 단순한 언어로 아름답게 묘사했다. 동시는 아름다운 것을 보고 느낀 감정이고, 새로운 것을 보게 되었을 때의 감동이며, 어떤 사물이나 현상을 낯선 이의 시선으로 바라보는 생각의 덩어리이다. 꽃이 휘날리는 봄날의 한순간을 그냥 흘려보내지 않고 샘물을 모으듯 꼭꼭 간직했다가 터뜨리는 것, 이것이 바로 동시이다.

눈사람

김원석

참

좋겠다

공부하라는 말을 안 들으니까

정말

부럽다

하루 종일 바깥에서 노니까

엄마는 알까

이런 내 마음을

『시가 말을 걸어요』, 토토북, 114쪽

　　매일 숙제와 공부 때문에 놀지 못하는 아이의 마음을 담은 동시이다. 학교나 학원에 가지 않아도 되고, 숙제도 없는 눈사람을 통해 마음껏 뛰어놀지 못하는 아이의 억압된 마음을 표현했다. 답답하고 힘든 상황을 놓치지 않고 표현한 아이의 마음이 곱고 애틋하다. 동심은 늘 착하고 아름다우며, 행복하기만 한 것은 아니다. 아이들도 슬픔을 알고, 부조리를 깨달을 수 있으며, 괴로우면 화를 내고, 힘들 때는 짜증을 내기도 한다. 동시는 바르고 예쁜 말만 골라서 해야 한다는 편견은 자칫 동시를 지루하게 할 수 있다. 동시는 기쁘고 슬픈, 즐겁고 괴로운, 고맙고 아픈 모든 마음을 담을 수 있다는 것을 알려주자.

- 일상에서 느끼는 감정이나 감동의 순간을 사진을 찍듯 글로 표현한 문학이다.
- 어떠한 상황이나 순간에 느끼는 마음의 소용돌이를 그냥 흘려보내지 않고 잘 포착하여 밖으로 드러낸 것이다.
- 아름다운 것을 보고 느낀 감정이고, 새로운 것을 보게 되었을 때의 감동이며, 사물이나 현상을 낯선 이의 시선으로 바라본 생각의 덩어리이다.
- 기쁘고 슬픈, 즐겁고 괴로운, 고맙고 아픈 모든 마음을 다룬다.

동시의 조건

앞에서 살펴본 동시들은 모두 마음속에 생기는 감정의 소용돌이를 놓치지 않고 잡아냈다. 언어적 기교나 절제, 압축의 미보다는 글쓴이의 시적 감성이 잘 드러난 작품들이다. 이것이 바로 동시가 문학이 되기 위한 최소한의 조건이다. 「지우개」에 담겨 있는 소외된 자의 외로움, 「봄비」에 담겨 있는 자연에 대한 경이로움, 「눈사람」에 담겨 있는 슬픔을 읽어내는 능력, 이것이 바로 아이들이 동시를 읽으며 배워야 할 시선들이다. 또한 직접 동시를 쓸 때 담아내야 하는 생각들이다. 아이들은 동시 교육을 통해 아름다운 언어, 고운 말, 진솔한 감성 등을 배우게 된다.

하지만 평범한 일상에서 시적 감성과 감동을 찾아내 이것을 언어로 표현하는 일은 쉽지 않다. 그래서 다른 사람이 쓴 동시를 흉내 내기도 한다. 특히 교과서에서 외운 동시가 자꾸 간섭을 하여 자신도 모르게 비슷한 어조와 느낌을 표현하는 경우가 많다.

껌

초등학교 1학년

말랑말랑 맛있는 껌

씹어도 씹어도 없어지지 않는 껌

뱉으면 끈적끈적

풍선을 불면 펑!! 터지는 껌

결국엔 코까지 달라붙는다.

다양한 의성어와 의태어를 활용해 동시를 썼다. 그런데 글쓴이는 흉내 내는 말이 들어가야 동시라고 믿는 것 같다. 의성어, 의태어는 대상을 극적으로 표현하거나 언어적 유희를 위해 사용하는 것이다. 의

성어, 의태어를 섞어 쓴다고 시가 되는 것은 아니다. 이 시에 쓰인 의
성어와 의태어는 평범하다. 일상적인 소리와 모양의 나열이다. 시적
감성과 정서가 느껴지지 않는다. 동시는 어떠한 표현이나 기교가 반
드시 들어가야 한다는 규정이 없다. 마음 가는 대로, 느끼는 대로 자신
을 표현하는 것이 동시라는 것을 알려주자.

가을과 낙엽

초등학교 4학년

낙엽이 우수수 떨어지는 가을이면

나도 모르게 마음이 쓸쓸해져요.

떨어진 낙엽을 주워보면

슬픔이 느껴져요.

하지만 참고 견디면

곧 봄이 올 테니 괜찮다고 말해주고 싶어요.

　떨어지는 낙엽을 보며 느끼는 쓸쓸함을 동시로 표현했다. 여름내
생기 가득했던 잎들이 청명함을 잃고 말라가는 모습을 보며 아이는
슬픔을 느꼈다. 하지만 '낙엽이 우수수,' '마음이 쓸쓸해져요'와 같
은 표현은 상투적이다. 어른들이 쓴 시를 따라 한 것이다. 자신이 느낀
감성을 자신의 목소리로 표현해야 한다. 다른 이의 감성을 따라 하면

개성 없는 시가 된다. 동시는 짧고 강렬하기 때문에 누군가의 글을 따라하면 금방 들통이 난다.

또 많은 아이들이 마지막 행에서는 꼭 결말을 지어야 한다고 생각하는데, 이는 옳지 않다. 「가을과 낙엽」을 쓴 아이도 참고 견디면 봄이 온다는 교훈을 억지로 끼워넣었다. 동시는 정말 진솔하게 마음 가는 대로 쓰는 글임을 알려주자.

컴퓨터

초등학교 2학년

컴퓨터를 오래 하면 눈이 나쁘다.
컴퓨터를 계속하면 바이러스에 걸린다.
컴퓨터를 많이 하면 돈을 많이 쓴다.
컴퓨터는 나쁘지만 공부도 된다.

동시의 특징 가운데 하나는 일상의 소소함 속에서 평소에 깨닫지 못했던 마음을 포착해 시적 감성으로 풀어내는 것이다. 그런데 이 시는 일반적인 생각을 그저 나열만 했기 때문에 시적 감성을 느낄 수가 없다. 마치 일기의 한 구절이나 엄마의 잔소리를 듣는 듯하다. 일상이 동시가 될 수 있지만 모든 일상이 동시가 되는 것은 아니다. 일상의 모습을 담지만 그 안에 시적 감성이 담겨 있지 않으면 동시가 될 수 없다. 일상적인 이야기가 동시가 되기 위해서는 지금까지 보고 생각했던 무언가를 새로운 시선으로 바라보아야 한다.

tip 동시가 문학이 되려면

- 마음속 감정의 소용돌이를 놓치지 않고 잘 드러내야 한다.
- 언어의 유희를 위해 의성어와 의태어를 적절히 사용해야 한다.
- 자신만의 목소리와 시적 감성을 담아야 한다.
- 일상의 이야기이지만 그것을 새롭게 바라볼 수 있어야 한다.

동시 쓰기 클리닉

우리 아이는 어떤 단계일까?

다음의 점검하기를 확인하고, 알맞은 단계에서 시작하자!

0~4개: 1단계(기초 단계) **5~8개:** 2단계(성장 단계) **9~12개:** 3단계(고급 단계)

점검하기

- ☐ 동시를 써본 적이 있다.
- ☐ 의성어와 의태어의 뜻을 알고 사용할 수 있다.
- ☐ 세밀하게 관찰하는 자세를 가졌다.
- ☐ 바른 언어를 사용한다.
- ☐ 동시 읽기를 즐긴다.
- ☐ 상상력이 풍부하다.
- ☐ 감정을 솔직하게 드러내는 편이다.
- ☐ 연과 행의 개념을 알고 있다.
- ☐ 감성이 풍부하다.
- ☐ 긴 문장으로 말한다.
- ☐ 비유의 개념을 알고 있다.
- ☐ 일기를 꾸준히 쓴다.

동시를 쓰기 위해서는 소소한 일상의 상황을 낯설게 바라보기도 하고, 자신의 눈높이가 아닌 타자의 입장이 되어 생각해보는 연습을 해야 한다. 무생물에 감정이 있다면 어떨지, 아이가 그 무생물이라면 어떨지, 늘 곁에 있어서 소중함을 몰랐던 그것이 사라진다면 어떻게 될지 생각해보도록 훈련하자. 기쁠 때나 슬플 때는 언제인지, 좋아하고 싫어하는 것은 무엇인지, 또 주변의 인물들은 어떻게 생각하는지 상상하게 한다. 그리고 이때 떠오르는 생각들을 간직했다가 시로 쓴다.

또 다른 방법으로는 동시를 많이 읽게 한다. 풍경을 노래하거나 마음을 노래한 동시, 글의 가락이 느껴지거나 이야기가 담겨 있는 동시 등 종류는 다양하다. 여러 종류의 동시를 읽으면 시적 언어에 익숙해진다. 소리 내어 읽어보면 말의 재미도 느낀다. 더불어 동시에 담긴 시인의 마음을 헤아려보게 하자. 아이도 그러한 감정을 느낀 적이 있는지 경험을 떠올려보게 하자.

point_ 대화를 통해 '타자의 삶을 관찰'하는 방법

▶ 상황이나 주제에 맞게 아이와 대화를 나누며 생각을 이끌어낸다.

▶ 대화 방법에는 특별한 규칙이 없다. 이야기를 나누며 발전시킨다.

· 개미나 거인이 되어 이것을 본다면 어떻게 생각할까?

· 내가 그 상황이라면 어떤 행동을 했을까?

· 돌멩이가 말을 한다면 어떤 말을 할까?

· 말을 할 수 없게 된다면 어떤 일이 벌어질까?

· 세상이 거꾸로 뒤집힌다면 어떻게 될까?

· 밤만 지속된다면 어떤 기분일까?

· 내가 가장 기쁠 때는 언제이고, 왜 그럴까?

· 내가 가장 감동했을 때는 언제이고, 왜 그럴까?

동시를 읽고 이야기 나누는 방법

▶동시를 소리 내어 읽어본다.

▶동시를 읽으며 어떤 생각이 들었는지 이야기를 나누어본다.
· 동시를 읽는 동안 무엇이, 어떤 장면이 떠올랐어?

· 동시를 읽고 가장 기억에 남는 단어 하나만 고른다면?

· 가장 기억에 남는 단어에 대한 느낌은 어때?

· 이 동시에서 가장 재미있다고 느꼈던 표현은 어떤 것이지?

· 이 동시의 어떤 부분이 동시의 특징을 담고 있는 것 같아?

· 글쓴이는 동시를 쓸 때 어떤 기분이었을까? 어떤 부분에서 그런
  생각이 들었어?

· 이 동시의 분위기는 어떤 것 같아?

· 이 동시를 읽을 때는 어떤 마음과 목소리로 읽어야 할까?

· 글쓴이는 왜 이 동시를 쓴 걸까?

· 너도 이 동시의 글쓴이와 비슷한 감정을 느낀 적이 있었니?

동시에 대한 감성과 이해 능력이 쌓이면 그다음은 동시에 어울리는 문장과 표현법을 배워본다. 자신의 생각을 정교하고 세밀하게 표현하는 방법을 익히게 하자.

용가리 1

나는 용가리에서 가윤이랑 별사탕을 사먹었다. 나는 별사탕이 맛있었다. 용가리는 내가 젤 좋아하는 거밖에 없다. 용가리는 신기한 게 많다. 나는 용가리에 슬러쉬가 있어서 좋다.

초등학교 1학년

1학년 아이가 용가리라는 동네 구멍가게에 간 일과 그곳에 대한 느낌을 적은 글이다. 1학년이 되어 마음대로 구멍가게에 드나들 수 있게 된 아이가 그곳에서 본 신기한 물건과 간식거리를 보고 즐거워하는 모습이 담겨 있다. 실제 저학년의 경우 커서 구멍가게 주인이나 문구점 주인이 되고 싶다고 말하는 아이들이 많다. 이제 막 1학년이 된 아이에게 학교 앞 구멍가게나 문구점은 놀라운 신세계이다.

그런데 위의 글만으로는 아이가 느꼈을 신기함이나 놀라움이 잘 전달되지 않는다. 다만 '내가 젤 좋아하는,' '신기한 게 많은' 정도로 미루어 짐작할 수 있을 뿐이다. 이 글이 일기나 생활문이라면 문제가 없지만, 동시가 되려면 용가리에서 느낀 감정을 더 세밀하게 표현해야 한다.

point

생각을 정교하고 세밀하게 표현하는 방법 1

▶아이와 함께 이 글이 어떤 상황을 표현한 것인지 이야기해본다.

▶대화를 통해 글에는 미처 담지 못한 일이나 생각을 이끌어내 보자.

· 별사탕이 맛있니? 왜 그럴까?

→색깔이 예쁘고, 씹어 먹으면 달콤해서요.

· 별사탕이 어떤 색깔인데?

→빨갛고 파랗고 노랗고 초록색깔도 있어요.

· 용가리를 구경하면 어떤 생각이 들어?

→다 갖고 싶고, 먹어보고 싶어요.

· 용가리에 있는 물건들은 어디서 나온 걸까?

→아저씨가 만들었죠.

· 용가리에 있는 물건들은 왜 우리 집에는 없는 걸까?

→엄마가 싫어해서요. 거기 있는 거 먹으면 배 아프대요.

「용가리 1」을 바탕으로 아이와 대화를 나누면서 세밀한 감정을 알아보았다. 「용가리 1」에서 쓴 '맛있다,' '좋다'와 같은 단순한 표현이

색깔과 달콤함 때문이라는 구체적인 감정을 알게 된다. 또 구멍가게의 물건을 모두 다 가지고 싶다는 욕망도 알 수 있다.

용가리 2

용가리는 신기한 게 많다. 나는 용가리에서 친구랑 별사탕을 사먹었다. 빨갛고 파란 별사탕을 깨물면 달콤해진다. 용가리는 내가 좋아하는 거밖에 없다. 나는 용가리에 있는 모든 것을 갖고 싶다. 용가리에 있는 것을 다 먹어보고 싶다. 그런데 엄마는 배가 아파서 먹으면 안 된다고 한다. 아저씨는 그것을 다 어떻게 만들었을까? 배 아프지 않게 만들면 좋을 텐데…….

「용가리 1」과 「용가리 2」는 차이가 크다. 「용가리 2」를 조금 더 다듬어 행과 연을 나누면 금방 동시가 될 수 있다. 「용가리 1」의 글을 정교하게 표현했을 뿐인데 이야기가 훨씬 풍성해졌다.

용가리

구멍가게 용가리는 신기한 나라

주인아저씨는 그 많은 것을

어떻게 만들까?

빨강 파랑 별사탕을 한 입 깨물면

내 눈에 환하게 불이 켜진다

구멍가게 용가리는 이상한 나라

엄마는 그 맛난 것들을

왜 못 먹게 할까?

알록달록 용가리를 지나가면

내 머리에 환하게 불이 켜진다

일상이 동시가 되기 위해서는 이처럼 자신의 감정을 구체적으로 드러내는 활동이 필요하다.

날씨

오늘은 정말 이상한 금요일이다. 아침에는 해가 뜨고, 점심에는 천둥치고, 저녁에는 바람 불고, 밥 먹을 때는 구름이 끼었다. 그래서 오늘의 이름은 이상한 금요일이다. 날씨는 변덕쟁이!

초등학교 2학년

오락가락한 날씨에 관한 글이다. 변덕스러운 날씨 때문에 아마도 아이는 오늘 신나게 놀지 못했을 것이다. 그런데 아이가 놀지 못했다는 것은 짐작일 뿐 그에 대한 내용이 없다. 「날씨」에서 아이는 변화무

쌀한 날씨를 표현했지만, 자신의 감정은 잘 드러내지 못했다.

생각을 정교하고 세밀하게 표현하는 방법 2

▶ '만약에' 나 '왜' 라는 질문을 던져본다.

▶ 아이의 희망이나 바라는 것이 무엇인지 이야기를 나누어본다.

· 날씨가 변덕을 부리면 기분이 어때?

→해가 나왔다가 천둥 치면 무섭고, 비 오면 놀 수 없어서 싫어요.

· 날씨가 왜 이럴까?

→기분이 안 좋아서?

· 너도 기분이 안 좋을 땐 그래?

→네. 화나면 얼굴이 찡그려졌다가 화가 풀어지면 웃어요.

· 내일은 어떤 날이면 좋겠니?

→해가 뜬 거요.

변덕쟁이 날씨

오늘은 날씨가 기분이 안 좋은가 보다. 아침에는 해가 뜨고, 점심에는 천둥치고, 저녁에는 바람 불고, 밥 먹을 때는 구름이 끼었다. 그래서 오늘의 이름은 이상한 금요일이다. 날씨가 변덕을 부리면 나는 밖에 나가서 놀 수가 없어 심심하다. 내일은 해가 떴으면 좋겠다.

제목을 「날씨」에서 「변덕쟁이 날씨」로 바꾸었다. '날씨'는 이야기의 소재일 뿐, 인상에 남는 표현이 아니다. 「날씨」에 없었던 아이의 생각이 첨가되니까 느낌이 살아난다. 아이의 감정이 드러나 글이 솔직해졌다.

변덕쟁이 날씨

오늘은 날씨가 기분이 안 좋대요.

아침에는 기뻤다가

점심에는 화가 나고

저녁에는 심술이 났대요.

그래서 오늘은

나도 기분이 안 좋아요.

하루 종일 집에서

날씨 눈치만 보았거든요.

변덕쟁이 날씨야,

내일은 밝게 웃어주겠니?

나는 우리 3학년 3반의 공기놀이 천재다. 나는 딱지도 고수이다. 하지만 공기놀이를 더 잘한다. 오늘은 윤아와 공기 대결을 하여 118년까지 갔다. 아이들이 우르르 몰려와서 구경을 하였다. 구경하는 아이들이 "야! 너는 대단하구나!" "영희는 공기의 고수다"라고 했다. 이 정도는 별거 아니다. 겨우 118년까지만 간 걸 뭐……. 그렇게 몰려들 건 없다.

초등학교 3학년

공기놀이를 잘하는 3학년 아이의 글이다. 글 속에 자신의 능력에 대한 자랑스러움이 가득 담겨 있다. 분량도 길고, 자신의 감정을 드러내는 측면에서 앞의 1학년 글보다 솔직하고 자신감에 넘친다. 글의 중간에 '우르르' 같은 의태어를 사용하거나 따옴표를 이용하여 대화를 넣는 등 화려함도 더했다. 다만 칭찬받을 때의 느낌이 어땠는지 구체적으로, 혹은 비유적으로 표현했다면 더 재미있는 글이 되었을 것이다.

point_

생각을 정교하고 세밀하게 표현하는 방법 3

▶ 동시에 쓴 상황에 대한 느낌, 생각, 감정을 구체화해본다.

▶ 상상을 통해 그 상황을 보다 구체화하도록 지도한다.

· 공기놀이를 잘하는 비결은 뭐니?

→ 계속하면 돼요.

· 애들이 칭찬하는 소리를 들으면 기분이 어때?

→ 좋죠.

· 그 기분을 자세히 설명해보겠니? 예를 들어 구름을 타고 있는 기분이라든지…….

→ 내가 왕이 된 거 같아요.

· 그럼 공기나라의 왕이 되면 어떻게 하고 싶니?

→ 학교에서 공기를 배우게 하죠! 공기를 잘하는 아빠들한테는 월급도 많이 주고. 와, 재밌겠다!

· 공기나라의 왕 자리를 지키려면 힘들겠는데? 도전자가 계속 나올 거 아냐?

→ 그렇겠죠? 더 열심히 해야죠.

공기의 천재 2

나는 우리 3학년 3반의 공기놀이 천재다. 친구와 대결을 하면 100년까지 금방 간다. 구경하는 아이들은 "야! 대단하구나!" "공기의 고수다"라고 하지만 이 정도는 별거 아니다. 겨우 100년 간 걸 뭐…….

공기놀이를 할 때면 나는 왕이 된다. 공기나라의 왕. 공기나라에서는 학교에서 공기를 배우고, 어른들은 공기를 해서 돈을 번다. 왕 자리를 지키기 위해 나는 오늘도 연습한다.

「공기의 천재 1」은 그 자체만으로 동시가 될 수 있는 글이지만, 아이의 감정을 더 드러내고, 상상을 추가한 결과 내용이 풍성해지고 훨씬 재미있는 「공기의 천재 2」가 되었다. 공기놀이지만 그것 하나로 왕이 된 듯한 아이의 기분이 잘 드러났다. 공기나라의 왕 자리를 지키기 위해 각오를 다지는 모습이 진지해 웃음이 나온다. 상상의 이야기를 덧붙였더니 아이의 진솔하고 순수한 마음이 더 돋보인다.

동시에서 아이의 감정을 솔직하고 세밀하게 드러내는 일은 매우 중요하다. 자신의 생각과 느낌을 정교하게 헤아리고, 이것을 겉으로 표현할 수 있어야 글이 풍성해지기 때문이다. 동시를 지도할 때는 반드시 아이와 대화를 나누면서 감정을 드러내는 연습을 시키자. 이 방법은 아이들의 표현력을 기르는 데 많은 도움이 된다. 이러한 연습을 반복하다 보면 나중에는 아이 스스로 자신의 생각과 느낌을 솔직히 드러내게 된다.

그런데 동시를 쓰려는데 쓸 만한 소재를 찾을 수 없을 때도 있다. 인상적인 일이나 생각이 나지 않는 것이다. 억지로 생각해내는 것도 고역이지만 머리를 쥐어짜서 찾아낸 소재가 영 탐탁지 않을 때는 감정을 솔직하게 쓰기가 불가능하다.

이럴 때는 어떤 주제를 정하고 이에 대한 생각을 정리하여 동시를 써보도록 하는 게 좋다. 예를 들어 '나에게 날개가 있다면?,' '내가 개미만큼 작아진다면?,' '동물이 말을 한다면?,' '물고기가 걸을 수 있다면?,' '내가 강아지가 된다면?' 등등 재미있게 상상할 수 있는 주제를 정해주고 이에 대한 생각을 써보게 한다.

눈물이 꿀물이라면

눈물이 꿀물이면 좋을 것 같다. 슬퍼서 눈물을 흘리는데 꿀물이 나와 먹으면 기분 좋아지기 때문이다. 그리고 눈물을 짜서 가게에 팔면 부자가 될 수 있다. 하지만 꽃밭에서 눈물을 흘리면 벌에 쏘일 수 있다. 또 울다가 잠이 들면 눈이 붙어버린다. 눈물이 꿀물이면 안 좋은 것도 있다.

초등학교 4학년

아이들이 재미있는 상상을 하도록 이끄는 주제는 무궁무진하다. 주제의 부족함을 느낄 때, 아이와 함께 주제를 정해본다. 아이가 직접 주제를 정해도 좋다. 아이가 주도적으로 선택한 주제는 그렇지 않은 경우보다 훨씬 결과가 좋다.

3단계 시어로 갈고 다듬기

「눈물이 꿀물이라면」도 동시라고 보기에는 무리가 있다. 주제에 따라 생각한 것을 나열했을 뿐 동시가 되려면 여러 가지 변화가 있어야 한다. 그런데 느낌을 풍성하고 섬세하게 넣으려고 해도 마땅치가 않다. 이미 「눈물이 꿀물이라면」은 생각과 느낌으로 이루어진 글이기 때문이다.

어떻게 해야 상상하여 쓴 글을 동시로 발전시킬 수 있을까? 바로 언어를 첨가하고 생략하여 시적 언어로 다듬어주면 된다. 생각을 정리한 문장을 시적 문장으로 변환시키는 것이다.

딱지치기

쉬는 시간이 되면
아이들이 옹기종기 모여 딱지를 칩니다.

종원이가 친 딱지에선 딱딱 소리가 납니다.
상민이가 친 딱지에선 턱턱 소리가 납니다.
범근이가 친 딱지에선 픽픽 소리가 납니다.

수업시간 종이 울리면
아이들은 모두 자리로 돌아갑니다.

초등학교 5학년

시어는 일상 언어와 다르다. 일상 언어는 전달하고자 하는 생각을 상대방이 이해할 수 있도록 하는 것이 목적이다. 하지만 시어는 자신의 감정을 효과적으로 표현하는 데 목적이 있다. 적절한 언어를 골라갈고 다듬어야 시어가 된다. 때로는 언어의 미적 순화를 위해 문법 체계를 거스르는 시어를 사용하기도 한다. 글쓴이의 느낌을 예민하게 드러내어 시적 감성을 풍부하게 만들기 위함이다.

❶ 쉬는 시간이 되면 아이들이 옹기종기 모여 딱지를 칩니다.

❷ 쉬는 시간 옹기종기 아이들이 모여 딱지를 칩니다.

②는 ①과 내용이 같지만 느낌은 다르다. 의미 전달에 어색함이 없는 단어인 조사 '이'와 '되면'을 빼고, '옹기종기'란 의태어를 '아이들' 앞에 두었다. 이렇게 했더니 훨씬 간결하고 깔끔한 느낌이 든다.

❸ 쉬는 시간

옹기종기 아이들이 모여

딱지를 칩니다.

이번에는 ②에 행의 변화를 주었다. 그러자 리듬감이 살아난다.

❹ 종원이가 친 딱지에선 딱딱 소리가 납니다.

상민이가 친 딱지에선 턱턱 소리가 납니다.

범근이가 친 딱지에선 픽픽 소리가 납니다.

❺ 타악 타악 종원이 딱지 소리

터억 터억 상민이 딱지 소리

피익 피익 범근이 딱지 소리

④는 딱지 치는 소리에 관한 문장이 나열되어 있다. ⑤에서는 말의 잔가지를 쳐내고 위치를 바꾸어주었다. 그러자 열심히 딱지를 치는 아이들의 모습이 드러난다. 그리고 '타악 타악'처럼 딱지 치는 소리에 변형을 주었더니 평범한 딱지치기에 저마다 개성이 드러난다.

❻ 수업시간 종이 울리면 아이들은 모두 자리로 돌아갑니다.

❼ 딩~동~댕~동~

수업시간 종이다!

자리에 앉자.

❼은 ❻의 '종이 울리면'을 의성어로 바꾸어주고, 나머지 문장을 '수업시간 종이다,' '자리에 앉자'라는 문장으로 잘라주었다. 이렇게 하자 ❻의 문장에서 느낄 수 없었던, 서둘러 자리로 돌아가는 아이들의 모습이 보이는 것 같다.

딱지치기 1

쉬는 시간이 되면

아이들이 옹기종기 모여 딱지를 칩니다.

종원이가 친 딱지에선 딱딱 소리가 납니다.

상민이가 친 딱지에선 턱턱 소리가 납니다.

범근이가 친 딱지에선 픽픽 소리가 납니다.

수업시간 종이 울리면

아이들은 모두 자리로 돌아갑니다.

딱지치기 2

쉬는 시간
옹기종기 아이들이 모여
딱지를 칩니다.

타악 타악 종원이 딱지 소리
터억 터억 상민이 딱지 소리
피익 피익 범근이 딱지 소리

딩~동~댕~동~
수업시간 종이다!
자리에 앉자.

「딱지치기 1」과 「딱지치기 2」를 비교해보자. 내용이 같은 동시이지만 「딱지치기 2」가 더 시적으로 느껴진다. 「딱지치기 1」의 내용을 시적 언어로 변형하여 첨가하고 생략했기 때문이다. 이렇듯 시는 어떻게 자르고 붙이느냐에 따라 느낌이 확 달라진다. 하지만 일상 언어를 시적 언어로 바꾸는 데에는 공식이나 법칙이 없다. 그저 동시를 많이 읽고 쓰면서 경험을 쌓는 것만이 정답이다.

시적 언어로 변형하고 첨가하기

▶ 의미 전달에 무리가 없는 부분은 생략하여 문장을 간결하게
  다듬어준다. ❷

▶ 행이나 연에 변화를 주어 긴장감을 준다. ❸

▶ 느낌을 정교하게 살리기 위해 글자에 변형(시적 허용)을 준다. ❺

▶ 의성어 의태어를 넣어 리듬감을 살린다. ❼

▶ 일일이 설명하기보다 여운을 주어 독자에게 상상할 시간을 준다. ❼

▶ 서술어의 종결어미에 변화를 준다.

▶ 시의 어투에 변화를 준다.

처음부터 아이에게 시적 언어로 동시를 쓰게 할 수는 없다. 아이의
수준에 맞춰 단계별로 차근차근 지도한다면, 어느 순간 아이 스스로
문장을 다듬고 가지를 쳐 언어의 아름다움을 창조해낼 것이다.

상상력이 세상을 바꾼다

인도, 콜롬비아, 과테말라, 나이지리아, 폴란드……. 모두 노벨문학상 작가를 배출한 나라들이다. 우리나라도 2002년부터 고은 시인이 여러 차례 노벨문학상 후보로 거론되었지만 수상으로 이어지지 못하고 있다. 그동안 한국 문학을 세계에 알리는 가장 큰 걸림돌이 번역이라고 여기는 사람들이 많았다. 아름다운 우리말의 묘미를 살려 번역하는 일이 쉽지 않기 때문에 해외에 우리 문학을 알리는 일이 힘들다는 의견이었다. 그런데 2011년 신경숙 작가의 장편소설 『엄마를 부탁해』가 미국을 포함한 28개국, 15개 언어로 출판되어 돌풍을 일으키는 것을 보면서 번역의 문제만은 아니라는 생각이 든다.

17세기는 과학이 태동하는 시대이자 합리주의의 시대였다. 예측할 수 없는 자연을 미신으로 받아들이던 사람들 앞에 바야흐로 새로운 시대가 열린 것이다. 베이컨은 "아는 것이 힘"이라며 미신 따위에 휘

둘리지 말고 냉철한 이성의 힘으로 판단하자고 주장했다. 데카르트도 상상력은 그저 '오류의 근원'일 뿐이니 이성의 힘으로 상상력을 배제해야 오류를 막을 수 있다고 목소리를 높였다.

그런데 21세기는 다시 반대의 상황이 되었다. 21세기는 '아는 것이 힘'이 아니라 '상상하는 것이 힘'인 세상이다. 테크놀로지의 발전으로 상상력이 미래의 생산력을 결정하게 되었다(진중권, 『놀이와 예술 그리고 상상력』, 휴머니스트, 5~7쪽). '컴퓨터를 노트처럼 들고 다닐 수 없을까' 하는 상상력이 실제 제품으로 만들어져 불티나게 팔리고 있다. 상상력이 곧 생산력을 좌우한 사례이다. 독일의 한 학자는 "미래의 문맹자는 글을 읽지 못하는 사람이 아니라 이미지를 모르는 사람, 즉 상상할 줄 모르는 사람이 될 것"이라고 했다. 상상력이 없다면 『해리포터』나 『나니아 연대기』는 존재할 수 없었을 것이다.

문화 강국은 바로 상상력에 의해 만들어진다. 과거 우리나라는 경제성장을 위해 이성의 힘을 강조하느라 상상력의 힘을 소홀히 여겼다. 그런데 이제 패러다임이 바뀌었다. 과학이나 기술은 경제 수준이 높은 나라가 앞서갈 수 있지만 문학이나 예술은 경제 수준과 비례하지 않는다. 우리나라의 빠른 경제 성장과 발달된 기술력은 세계 어느 나라와 비교해도 손색이 없지만 문화적인 면에서는 선진국이 아니다. 콜라를 많이 파는 것보다 중요한 것은 콜라를 마시는 문화를 심어주는 것이다. 선진국은 단순히 경제 지표로 세계를 지배하지 않는다. 그들은 자국의 문화를 세계인의 삶 속에 심고 있다. 미래는 문화 강국이 세계를 지배할 것이다.

다빈치는 이미 500년 전에 오늘날의 비행기와 유사한 설계도를 그렸다. 뿐만 아니라 증기선이나 잠수복, 엘리베이터, 자동차, 낙하산, 망원경 등 20세기에 와서야 현실화되었던 것들을 상상했다. 수학자이면서 물리학자, 엔지니어이자 화가였던 그를 천재로 만든 것은 바로 상상력이다.

영국의 시인이며 비평가인 스펜더는 "체험한 것을 기억하여 다른 환경에 적응하는 능력이 상상력"이라 하였고, 존 듀이는 "체험의 여러 요소들을 유기적으로 조직하는 종합적 능력이 상상력"이라고 했다. 하지만 프랑스의 에밀 쿠에만큼 상상력의 중요성을 증명한 사람은 없다. 에밀 쿠에는 '상상력이 의지보다 강하다'는 것을 증명한 심리학자이다. 그는 "우리가 어떤 일을 못 하는 것은 의지의 결핍이 아니라 상상력의 부재 때문"이라고 주장했다. 매일 일정 시간 동안 과녁 앞에 앉아서 다트 던지는 상상을 하면 실제로 연습한 것과 같은 효과를 거둘 수 있다는 것을 증명했던 것이다. 상상력은 정신을 자극해 목표를 위한 아이디어를 제공하고 새로운 계획을 개발하도록 도와준다(에밀 쿠에, 『자기 암시』, 화담, 51쪽).

문화 선진국들과 겨루어 당당히 이기는 상상을 하지 못하면, 노력만으로는 그 벽을 뛰어넘을 수 없다. 상상력은 특별한 사람들에게만 주어진 능력이 아니다. 자유로운 연상과 분방한 호기심을 마음껏 펼치는 것, 바로 상상력이 세상을 바꾸는 힘이다.

한글을 창제한 세종대왕, 애플의 창업자 스티브 잡스도 바로 상상력을 바탕으로 세상을 이끈 위대한 선구자이다. 아직 우리나라가 문화 강국이 되지 못한 이유는 사실 상상력의 부재 때문이다.

상상력을 창의력으로 발전시키기

한국직업능력개발원이 2001년부터 2010년까지 실시한 직업적성검사 자료를 분석했다. 그 결과, 10년 동안 중고생의 창의력이 꾸준히 하락한 것으로 밝혀졌다. 반면 남녀 모두 수리와 논리 영역에서는 점수가 올랐다. 이러한 추세는 미국도 마찬가지이다. 윌리엄메리 대학교에서 2010년 미국 어린이를 대상으로 창의성 수준을 조사한 결과, 1990년 이후 약 20년간 독창적으로 생각하는 능력이 지속적으로 하락했다. 특이한 점은 같은 기간 미국 청소년들의 대학입학 자격시험(SAT) 점수는 점점 높아졌다.

전문가들은 이 같은 현상의 원인을 학교 시험 때문이라고 분석했다. 한 문제에 하나의 답만 존재하는 시험이 아이들의 독창적인 생각을 가로막는다는 것이다. 교육심리학자 베게토는 "한 개의 정답만을 강요하면 아이들은 돌발적이고 신선하며 독특한 생각을 할 여지를 가질 수 없다"고 지적했다.

교육의 궁극적 목적은 다양한 소질과 적성 계발, 전인적이며 창의적인 인재 교육에 있다. 훌륭한 인재의 성장을 위해서는 지식 습득 못지않게 창의력이 매우 중요하다.

그러면 창의력과 상상력은 다른 개념일까? 일부 학자들은 상상력과 창의력을 동일한 개념으로 보지만 사실 그 차이는 뚜렷하다. 상상력은 생득적 능력이라 태어날 때부터 누구나 갖고 있지만, 창의력은 계발하지 않으면 절대로 가질 수 없는 능력이다.

상상력이란, 있을 수 있지만 존재하지 않는 실체를 머릿속으로 떠올리는 힘, 즉 심상을 형상화하는 능력이다. 반면 창의력은 상상에 의해 머릿속에 그려진 실체를 현실에서 구체화하는 힘이다.

한 아이가 상상을 한다. 어마어마하게 큰 아이스크림을 집에 들여 놓고 마음껏 먹는 상상이다. 물론 이런 상상을 현실화하겠다는 의지는 담고 있지 않다. 그래서 이런 상상을 '소극적 상상,' 즉 공상이라고 한다. 이에 반해 보다 계획적이고 의식적으로 하는 상상은 '적극적 상상'이라고 한다. '적극적 상상'을 할 때만이 창의력이 발현된다. 다시 말해 상상력은 창조를 위한 하나의 도구이자 방식인 '과정'에 해당되고, 창의력은 상상력을 전제로 특별한 기능과 지식을 실현하는 '결과'에 해당된다(허승희 공저, 『아동의 상상력 발달』, 학지사, 20쪽, 22쪽).

500년 전 다빈치의 비행기가 머릿속에서만 그려졌다 사라졌다면 그건 공상이다. 하지만 그는 자신의 상상을 설계도라는 구체적인 형태로 형상화시켰다. 상상력을 창의력으로 발전시킨 것이다.

창의력이 발현되기 위해서는 풍부한 상상력이 전제되어야 하고, 이를 실현하려는 강한 의지가 있어야 한다. 부모는 아이가 상상이 공상으로 끝나지 않게, 현실로 발현될 수 있도록 강력한 동기와 기회를 부여해줘야 한다. 창의력은 부모의 손에 달려 있다.

동화는 가장 강력한 상상력 제조기

상상력은 인간만이 유일하게 가지고 있는 위대한 능력이다. 상상력으로 인간은 문명을 만들고, 문화를 이루어냈다. 하지만 우리는 오랫동안 상상력이 얼마나 무한한 힘을 가지고 있는지 깨닫지 못했다. 우주선을 타고 하늘을 날고, 손바닥만 한 컴퓨터를 들고 일하는 모습은 이미 현실이 되었지만 과거에는 모두 상상에 불과했다. 이제 인간은 상상하는 모든 것을 현실로 만들고 있다. 미래 역시 지금 우리가 상상하는 것에 의해 새롭게 꾸며질 것이다.

그런데 아직도 우리는 지식을 달달 외우는 공부로 아이들을 내몰고 있다.

아이들은 황순원의 「소나기」를 읽고 소녀의 죽음을 암시하는 색깔은 '보라색'이라고 배운다. 그런데 정작 황순원 작가는 인터뷰에서, 그냥 보라색을 좋아했기 때문에 소설 속에 보라색을 넣었다고 말했다. 한동안 인터넷에 떠돌던 글이지만 많은 것을 생각하게 한다. 모두 똑같이 생각하게 만드는 교육에는 상상력이 발을 디딜 틈이 없다. 아이들이 자유롭게 생각할 수 있도록, 다르게 생각할 수 있도록, 다양한 관점에서 바라볼 수 있도록 교육해야 한다. 납작하게 줄어든 상상력을 마음껏 펼칠 수 있도록 도와주자.

상상력을 확장하는 가장 좋은 방법은 무엇일까? 답은 동화이다. 아동문학가 이원수는 "동화는 산문이면서 시적이요 공상적인 이야기로서 발생적으로는 소설의 모체"라고 했다. 또한 "동화는 공상적, 추상적 문학 형식을 띠며, 시공간을 초월하여 자유로이 다루어지는" 문학이라고 정의했다(이원수, 『아동문학 입문』, 소년한길, 30쪽, 32쪽). 아이들은 동화를 읽으며 상상의 세계를 끝없이 넓힐 수 있다.

인류 최초의 우주 비행사는 가가린이다. 그러면 최초로 우주여행을 한 동물은 무엇일까? 러시아 강아지 라이카이다. 라이카는 우주에서 생명체가 살 수 있는지 확인하기 위해 가가린보다 먼저 우주로 보내졌다. 떠돌이 강아지 라이카가 가가린보다 4년이나 앞서서 생명체 최초로 우주여행을 떠난 것이다. 당시 기술력이 부족해 라이카는 다시 지구로 돌아오지 못했다. 하지만 라이카의 희생 덕분에 가가린은 우주여행을 할 수 있었다. 인간의 역사에서 가가린은 영웅이 되었지만 라이카는 아무도 기억하지 못했다. 우주로 간 라이카를 궁금해하는 사람들은 거의 없다.

그림동화 『라이카는 말했다』(이민희 지음, 느림보 펴냄)는 지구로 돌아오지 못한 라이카의 뒷이야기를 들려준다. 아무도 기억해주지 않는 버려진 실험도구 라이카를 상상력으로 살려낸 것이다. 동화 속의 라이카는 우주를 떠돌다가 뿌그별의 외계인 욜라욜라와 친구들을 만난다. 그리고 지구 대표가 되어 새로운 역사를 쓴다.

현실의 라이카는 죽었지만 동화 속의 라이카는 뿌그인들을 만나 행복해진다. 라이카는 뿌그인들의 특별한 손님이 된다. 현실의 라이카는 지구인들의 실험 도구였지만 동화 속 라이카는 지구 대표이다. 지극히 공상적이고 비현실적인 이야기이지만, 이 이야기는 우리가 보지 못했던 것을 보게 해준다. 하찮게 생각했던 것의 고마움을 깨닫게 해줄 뿐만 아니라 인간 중심의 역사를 비판하는 시각도 키워준다.

tip 동화를 읽으면 좋아지는 30가지

① 지혜가 가득해진다.
② 앉아서 세계를 여행할 수 있다.
③ 다른 사람을 이해하게 된다.
④ 눈으로 볼 수 없는 것을 보게 된다.
⑤ 틀에 얽매이지 않는다.
⑥ 의사 표현이 정확해진다.
⑦ 작은 것도 소중하게 생각한다.
⑧ 남의 이야기에 귀를 기울인다.
⑨ 논리적으로 생각하게 된다.
⑩ 세밀하게 관찰하게 된다.
⑪ 어휘력이 풍부해진다.
⑫ 왜 그랬을까 생각해 보게 된다.
⑬ 미래로도 과거로도 갈 수 있다.
⑭ 문맥을 정확히 이해한다.
⑮ 약한 것을 귀하게 여긴다.

⑯ 감정이 풍부해진다.

⑰ 마음이 하는 이야기를 들을 수 있게 된다.

⑱ 이치를 따지고 사리를 분별할 수 있게 된다.

⑲ 왕도 되고, 거지도 된다.

⑳ 안목을 키워준다.

㉑ 다양성을 인정하게 된다.

㉒ 자신을 믿게 된다.

㉓ 편견을 갖지 않는다.

㉔ 호기심이 많아진다.

㉕ 무엇이든 할 수 있다고 생각한다.

㉖ 정보를 얻는다.

㉗ 표현력이 풍부하고 정확해진다.

㉘ 자신감이 생긴다.

㉙ 상상력이 풍부해진다.

㉚ 창의적으로 자란다.

가만히 앉아 생각한다고 해서 상상력이 자라지 않는다. 상상을 하기 위해서는 상상할 수 있는 씨앗이 있어야 하고, 그 씨앗에 '왜'라는 의문을 달아야 싹이 튼다. 하지만 의문을 달려고 해도 방법을 모르면 싹을 틔울 수 없다. 동화는 상상의 씨앗이고, 그 씨앗을 키울 수 있는 방법을 일러준다. 동화를 읽으며 아이들은 마음껏 상상할 수 있는 기회를 갖게 된다. 아이들이 상상의 나래를 펴고 동화 속 세계를 자유로이 날 수 있도록 하자.

거짓말하기 놀이의 효용

아이들에게 가장 호응이 좋은 수업은 바로 '거짓말하기 놀이'이다. 이 놀이는 앞 사람이 "우리 집에 황금송아지 있다!" 하고 거짓말을 하면 다음 사람이 그보다 더 말도 안 되는 거짓말을 하는 놀이이다.

- 우리는 살아 있는 황금 소가 있어서 그 소가 계속 황금 송아지를 낳는다!
- 나는 복잡하게 동물 같은 건 안 키워.
  무엇이든 넣기만 하면 황금으로 변하는 기계가 있거든.
- 황금 너무들 좋아하시네. 나는 등에 단추가 있어서 누르면 날개가 나와.
- 얘들아, 미안해. 사실 나는 사람이 아니야. 우주에서 왔어.

아이들은 거짓말이 나쁘다고 배웠기 때문에 상상하는 일에 서툴다. 그래서 처음에는 이 놀이를 어려워하지만 금방 적응한다. 이 놀이는 '거짓말'이 규칙이기 때문에 이치에 맞고 안 맞고는 중요하지 않다. 누가 가장 엄청난 거짓말을 하는지가 중요하다. 시간이 지날수록 처음 시작했던 황금 송아지는 거짓말 축에 끼지도 못한다. 기발한 아이디어가 철철 넘친다. 아이들의 눈이 반짝반짝 빛난다. 친구들의 이야기를 듣고 나는 어떤 거짓말을 할까 상상력을 가동시키는 게 보인다.

아이들은 왜 이렇게 '거짓말하기 놀이'에 열광할까? 전문가들은 아이가 생후 12개월 즈음이 되면 가장놀이를 할 수 있다고 말한다. 인형의 입에 젖병을 갖다대고, 인형과 대화를 나누며, 역할놀이를 하며 어른처럼 행동한다. 아이는 상상으로 경험적 한계를 뛰어넘고, 타인의 경험을 자신의 것으로 만든다(허승희 공저, 『아동의 상상력 발달』, 학지사, 69쪽). 상상하기는 아이가 어릴 적부터 하던 자유로운 놀이였다. 그런데 어른들은 아이들에게 엉뚱한 생각은 하지 말라며 핀잔을 준다. 공상은 쓸데없다며 공부나 하라고 다그친다. '거짓말하기 놀이'는 바로 이 억압되었던 상상놀이를 아이들에게 되돌려준다. 아이들은 '거짓말하기 놀이'로 상상력을 폭발시킨다. 엉뚱한 생각을 하지 말라고 야단치면서 상상력이 자라기를 바라는 것은 이치에 맞지 않다. 아이들의 상상력과 창의력을 키우는 가장 좋은 방법은 바로 동화 쓰기이다.

"아이들이 동화를 쓸 수 있겠어요? 동화를 쓰는 일이 무슨 교육적 효과가 있어요? 엉뚱한 상상만 키우는 거 아니에요?"

아이들에게 동화를 쓰게 하자고 하면 부모들이 하는 질문이다. 동화는 긴 글이고, 복잡한 구성으로 되어 있다. 또 주제를 담아야 하는 어려운 작업이기도 하다. 하지만 상상력이 억압당하지 않았던 어린 시절, 역할놀이를 하던 아이들은 이미 뛰어난 동화작가였다!

다섯 살 무렵의 아이들은 현실에 존재하지 않는 가공의 이야기를 만들며 상상놀이를 즐겼다. 무생물인 장난감에 생명을 불어넣고 이야기를 만드는 것은 모든 아이가 가지고 있는 능력이었다. 그런데 학령기에 이르면 아이들은 점차 상상하는 시간이 줄어든다. '고추잠자리는 왜 빨갛지?'라는 질문에 유아들은 '더워서,' '부끄러워서,' '아파서’ 등등 상상력 넘치는 대답을 한다. 반면 학령기 아이들은 책에서 읽은 대로 앵무새처럼 ‘색소 때문에,’ ‘종이 다르니까’ 라는 뻔한 답뿐이다. 자유롭게 상상하고 이야기를 꾸미던 천재들이 상상력 없는 정답 기계로 추락하는 것이다.

아이들이 자유롭게 상상하고 꿈꿀 수 있게 해야 한다. 상상력이 없으면 창의력은 자라지 않는다. 아이들의 무한한 상상력을 동화라는 문학으로 구체화시키는 작업은 창의력을 키우는 가장 좋은 방법이다.

`tip` 동화를 쓰면 좋아지는 10가지

① 상상한 것을 창의적으로 변형할 수 있게 된다.
② 창작한 인물의 삶과 정서를 공유하게 된다.
③ 경험의 세계를 넓힌다.
④ 표현력이 풍부해진다.
⑤ 생각하는 힘을 기르게 된다.
⑥ 이야기의 구조를 이해하게 된다.
⑦ 문장을 이끌어가는 힘이 생긴다.
⑧ 더 나은 관찰자가 된다.
⑨ 상상한 것을 세밀하게 묘사할 수 있게 된다.
⑩ 문제 해결능력이 생긴다.

마음 읽기와 이어 쓰기, 텍스트 없이 쓰기

이야기의 힘

함께 길을 가던 형제가 금덩이 두 개를 주워 사이좋게 나누어 가집니다. 그런데 강을 건너던 동생이 갑자기 금덩이를 던져버립니다. 깜짝 놀란 형이 묻자,

"형님이 없다면 금덩이 두 개가 모두 내 것이 되었을 텐데 하는 생각이 들면서 형님이 미워지는 거예요. 그까짓 금덩이 때문에 형님이 미워지다니……. 그래서 금을 강물에 버린 거예요."

그 말을 들은 형도 고개를 끄덕이고는 금덩이를 강물에 던졌습니다. 이후 두 사람은 더욱 의좋은 형제가 되었습니다.

형제 간의 우애가 물질보다 중요하다는 교훈을 주는 이야기이다. 물건을 두고 다투는 형제에게 '서로 사이좋게 나누어 가지라'는 훈계보다 이야기를 통해 생각할 거리를 주는 교육이 더 효과적이다. '형제는 왜 그 좋은 금덩이를 버렸을까?' 아이들은 생각할 기회를 얻는다. 이야기를 읽었다고 아이들이 갑자기 바뀌지는 않겠지만, 자신을 되돌아볼 기회를 갖는 것이다.

「금덩이를 강물에 던져버린 형제」는 초등학교 교과서에 실린 동화이다. 조선시대 인문지리서인 『신증동국여지승람』에 실린 「형제투금(兄弟投金)」이란 고사에서 유래한 이야기이다. 특이하게도 이 이야기는 중학교 한문 교과서에 한 번 더 등장한다. 그런데 중학교 때 배우는 「금덩이를 강물에 던져버린 형제」는 재미없다. 한자로 된 원문을 읽고 해석하는 것이 주된 목적이기 때문이다. 하지만 이야기로 듣는 「형제투금」은 재미있다.

초등학교의 교과서는 한마디로 이야기책이다. 어디를 뒤져봐도 '착하게 살아라, 정직해야 한다, 바르게 생각해라'라는 말은 하지 않는다. 「금덩이를 강물에 던져버린 형제」처럼 이야기로 가득하다. 결국 아이들을 가르치는 것은 정보와 지식, 훈계와 명령이 아니라 이야기이다. 이야기가 아이들을 가르치고 키운다.

디지털 시대의 사람들은 정보의 홍수 속에서 살아간다. 욕망하는 것이 있으면 누구나 소유하고 누릴 수 있다. 사람들은 더 이상 정보에 목말라하지 않는다. 그러나 마음이 담긴 이야기에는 누구나 빠져든다. 세상에 이야기를 싫어하는 사람은 없다. 아이들도 마찬가지이다.

한 남자가 실수로 소녀의 거울을 낭떠러지로 떨어뜨린다. 소녀는 울부짖는다. 생일에 엄마에게 처음으로 받은, 하나밖에 없는 소중한 거울이라고……. 남자는 말한다. 그 거울은 어디에나 있는 흔한 거울이고, 공장에는 똑같은 것이 수백 개나 있으니 나중에 얼마든지 사준다고……. 하지만 소녀는 그건 자신의 거울과 똑같은 것이 아니라며 낭떠러지로 다가간다. 기어코 거울을 줍겠다는 소녀를 남자는 망연자실 바라본다.

영화의 한 장면이다. 소녀의 거울은 이야기를 담고 있다. 어디서나 흔히 볼 수 있는 평범한 거울이지만 소녀에게는 의미가 있기 때문에 특별하다. 우리가 이야기에 빠져드는 이유는 이야기가 나의 삶을 의미 있게 만들어주기 때문이다. 이야기는 나를 되돌아보게 만들며, 생각하지 못했던 것을 생각하게 하고, 새로운 세상을 볼 수 있게 해준다.

아이들의 교과서가 이야기로 꾸며진 이유는 삶을 의미 있게 바라보기 위해, 나를 되돌아보기 위해, 몰랐던 것을 알기 위해, 새로운 세상을 보기 위해서이다. 그래서 아이들의 이야기는 어른들의 이야기와 조금 다르다.

어른들의 이야기인 소설은 개성적인 인물과 세밀한 구성으로 공상보다는 일상의 세계를 사실적으로 그리는 특징이 있다. 반면 동화는 공상적이며 상징적이다. 현실을 드러내는 것도 소박하고 우연적이며, 요약된 구조이다. 주제도 인간의 보편적 진실을 탐구한다(이원수, 『아동문학입문』, 소년한길, 32쪽).

「금덩이를 강물에 던져버린 형제」는 우연히 금덩어리를 줍는 사건으로 이야기가 시작된다. 금덩어리도 하필 두 개이다. 현실에서 흔히 일어날 수 있는 일이 아니다. 글쓴이는 금을 강에 버린 동생의 행동에 진심을 담는다. 강에 버린 금은 다시 꺼낼 수 없기 때문이다. 만약 동생이 강이 아닌 곳에 금을 버렸다면 주제가 달라졌을 것이다. 형 역시 소박하게도 동생의 이야기를 듣고 금덩이를 던지는 데 동참한다. 주제 또한 우리가 공감할 수 있는 보편적 진실인 '형제간의 우애'이다.

황순원의 소설 「소나기」는 「금덩이를 강물에 던져버린 형제」와 다르다. 인물의 행동과 감정을 섬세하게 묘사하고, 주인공도 실제 존재하는 인물처럼 현실적이며, 이야기의 전개도 치밀하다. 주제도 작가의 개성과 철학이 담긴 '소년 소녀의 풋풋하고 순수한 사랑'이다.

동화는 크게 소설의 한 부류이지만, '아이들을 대상으로'라는 단서가 붙을 경우 성인들의 것과 차이가 있다. 물론 요즘에는 그 중간 단계인 청소년소설도 있다.

동화는 아이들의 생각과 마음이 자라도록 돕는 이야기이다. 형식적인 면에서도 비교적 단순한 구조와 이야기를 담는다. 그렇다고 모든 동화가 짧고 단순하며 도덕적이고 교훈적인 것은 아니다. 황선미의 「마당을 나온 암탉」은 동화이지만 어른도 읽는다. 그 구조나 표현, 주제가 사뭇 어른들의 소설과 닮았기 때문이다. 전문가들은 이러한 동화를 '소년소녀동화' 또는 '소년소녀소설'이라고 부른다. 이러한 현대 동화들은 소설과의 거리를 좁혀 놓았다. 근래에는 동화를 읽는 어른들이 늘고, 소설가들이 동화를 쓰는 경우도 많아져 동화와 소설을 명확히 구분하는 일은 큰 의미가 없다.

그런데도 굳이 소설과 동화를 구분하고 그 역할과 목적을 길게 이야기하는 것은 아이와 동화를 쓰기 전에 확실히 알아야 할 기준이 있기 때문이다. 아이와 동화를 쓰는 일은 청소년소설이나 소년소녀동화를 쓰자는 의미가 아니다. 소설적 수사법을 이용한 글은 전문작가의 영역이라 이제 막 글쓰기를 배우는 아이에게는 전혀 해당되지 않는다. 지금부터 아이와 함께 쓰는 동화는 형식상 전래동화의 구조이며, 짧고 일반적인 주제의 단순한 이야기이다.

아기가 태어나자마자 뛰어다닐 수 없듯 동화를 처음 쓰는 아이는 단순한 구조의 글부터 시작해야 한다. 어느 날 갑자기 엄청난 상상력이 솟아나 이야기가 만들어지는 경우는 없다. 생각할 거리를 던져주고, 이것을 확장해가며 쓰게 해야 한다. 기존의 동화를 비틀어보고, 다르게 보고, 이어서 써보면서 이야기를 새롭게 꾸미는 것부터 시작해보자. 아이는 점차 이야기의 구성 요소와 갈등에 대한 개념을 이해하게 되고, 인물에 생명력을 불어넣으며, 섬세한 표현력을 익힐 것이다. 자신만의 문체와 개성을 찾아낼 수도 있을 것이다.

동화 새롭게 쓰기

쓸쓸한 남쪽 바닷가에 바위나리라는 아름다운 꽃이 핀다. 친구가 없어 외로운 바위나리는 밤마다 눈물을 흘렸고, 이를 지켜보던 아기별은 바위나리의 친구가 되어준다. 친구가 된 둘은 밤마다 행복한 시간을 보낸다. 그러던 어느 날 아기별은 병이 든 바위나리를 간호하느라 하늘 문이 닫힌 줄 모르게 된다. 이 일을 알게 된 하늘나라 임금님은 아기별을 바위나리와 만나지 못하게 한다. 결국 아기별을 기다리던 바위나리는 파도에 휩쓸려 떠내려가고, 아기별도 빛을 잃고 하늘나라에서 쫓겨난다. 하지만 둘은 바다 깊은 곳에서 다시 만나 사랑의 빛을 낼 수 있게 된다.

초등학교 3학년 교과서에 실린 「바위나리와 아기별」의 줄거리이다. 안타깝고 아름다운 사랑 이야기이다. 아이들은 친구가 없어 외로워하는 바위나리의 모습을 통해 왕따를 당하는 친구의 모습을 떠올리기도 하고, 바위나리와 친구가 되어준 아기별을 보며 친구의 소중함을 깨닫기도 한다.

이야기는 결국 둘의 사랑이 이루어지는 것으로 마무리되지만, 중간에 바위나리가 파도에 휩쓸려 가고 아기별이 빛을 잃고 바다로 떨어지는 장면이 나온다. 이 장면에서 많은 아이들이 슬프다는 반응을 보인다. 둘의 사랑에 걸림돌이 되는 임금님을 향해 불평을 하기도 한다. 아픈 친구를 돌보아준 아기별을 칭찬해주기는커녕 규칙을 어긴 행동만 탓하기 때문이다.

아이에게 너라면 이 이야기를 어떻게 바꾸고 싶은지 물어보자. '나라면 이렇게 했을 것'이라는 생각의 씨앗으로 이야기를 새롭게 볼 수 있도록 한다.

❶엄격하고 고지식한 임금님의 성격이 따뜻하고 자상하게 바뀐다면 어떻게 되었을까? 또 바위나리가 자신만 아는 고집쟁이이고, 아기별이 청개구리 같은 반항아였다면 이야기는 어떻게 되었을까?

❷만약 바위나리가 아닌 아기별이 아프다면? 그래서 죽어가는 아기별이 마지막으로 바위나리를 보고 싶어 한다면? 그렇다면 임금님이 바위나리를 하늘로 데려올까? 또는 바위나리에게 낮에도 함께 있어줄 나비라는 친구가 새롭게 등장한다면 이야기는 어떻게 될까?

❸이야기가 펼쳐지는 장소가 '하늘과 바다'가 아닌 '남녘과 북녘'이라면 어떨까? 남녘과 북녘의 주인공들이 몰래 소식을 주고받으며 친구가 된다면 이야기는 어떻게 전개될까?

상상하는 것만으로도 흥미진진하다. 이런 질문들이 모여 동화 쓰기가 시작된다. 이것은 실제로 아이들이 교과서에서 공부하는 내용이기도 하다.

●내가 알고 있는 이야기에 나오는 인물의 성격을 알아 봅시다. 그리고 인물의 성격을 바꾸어 새로운 이야기로 꾸며 봅시다.　　『국어 듣기 말하기 쓰기 3-2』

● '홍길동전'의 배경이 조선 시대였습니다. 만약 배경이 오늘날이라면?

● '토끼와 거북이'에서 경주의 장소가 산이었습니다. 만약 경주한 곳이 바다였다면?

● '자전거 도둑'의 내용을 바탕으로 하여 사건 사이의 관계가 잘 드러나게 이

야기를 꾸며 봅시다.　　　　　　　　　　　　　　　　『국어 듣기 말하기 쓰기 5-1』

● 주제에 알맞은 이야기를 만드는 방법을 정리하여 봅시다.

● '오른발, 왼발'의 주제를 바탕으로 하여 주제에 알맞게 뒷이야기를 꾸며 써

봅시다.　　　　　　　　　　　　　　　　　　『국어 듣기 말하기 쓰기 5-2』

이렇게 '상상하여 이야기를 꾸며보자'는 질문은 학년마다 조금씩 단계를 높여가면서 거의 반복적으로 등장한다. 암기식의 정답만 요구하던 과거 교과서와는 달리 개개인의 생각과 창의성을 묻는 질문이 많아진 것은 바람직한 현상이다. 하지만 조금 더 구체적인 지도안이 있었으면 하는 아쉬움이 든다. 위 질문들은 소설의 구성요소인 인물, 사건, 배경 또는 주제를 중심으로 한 '이야기 변주'에 초점이 맞추어져 있기 때문이다. 소설의 구성 요소를 뛰어넘어, 아이들이 자유롭게 상상할 수 있도록 묻는 것이 상상력 발전에 더 효과적이지 않았을까? 다음은 교과서에 나오는 질문들이다.

❶ 엄격하고 고지식한 임금님의 성격이 따뜻하고 자상하게 바뀐다면 어떻게 되었을까? 또 바위나리가 자신만 아는 고집쟁이이고, 아기별이 청개구리 같은 반항아였다면 이야기는 어떻게 되었을까? **– 인물의 성격에 변화를 준 상상**

❷ 만약 바위나리가 아닌 아기별이 아프다면? 그래서 죽어가는 아기별이 마지막으로 바위나리를 보고 싶어 한다면? 그렇다면 임금님이 바위나리를 하늘로 데려올까? 또는 바위나리에게 낮에도 함께 있어줄 나비라는 친구가 새롭게 등

장한다면 이야기는 어떻게 되었을까? – 사건에 **변화를 준 상상**

❸ 이야기가 펼쳐지는 장소가 '하늘과 바다'가 아닌 '남녘과 북녘'이라면 어떨까? 남녘과 북녘의 아이가 몰래 소식을 주고받으며 친구가 된다면 이야기는 어떻게 전개될까? – 배경에 **변화를 준 상상**

위의 글들은 각각 한 가지 요소만을 고려한 질문들이다. 하지만 한 가지 요소의 변형만으로는 재미있는 글이 되기 어렵다. 아기별의 성격이 반항적이고, 바위나리에게 새로운 나비 친구가 생긴다면 어떻게 될까? 갈등의 구조가 '임금님과 아기별'이 아닌 '바위나리와 아기별' 혹은 '나비와 아기별'이 된다면 어떨까? 이처럼 소설의 구성 요소 중 두 가지 이상의 변형이 있어야 원작을 뛰어넘어 새로운 이야기를 창작할 수 있다. 그러므로 구성 요소의 변형이라는 형식에 얽매이지 말고, 아이의 생각과 상상을 자유롭게 담을 수 있게 질문해보자.

동화를 쓰기 전에 해야 하는 활동들

이야기를 활용하여 동화를 쓰기 위해서는 우선 원작에 대한 충분한 이해와 감상이 전제되어야 한다. 그다음에 주어진 원작을 철저히 분석해야 한다.

하늘을 날고 싶다는 상상을 구체화하기(창의력으로 발현하기) 위해서는 우선 하늘을 나는 것들에 대한 연구와 분석이 필요하다. 새는 무엇으로 하늘을 날까? 새의 날개는 어떤 모양이고, 하늘을 나는 원리는 무엇일까?

동화 쓰기도 이와 같아서 텍스트에 대한 이해와 분석이 선행되어야 한다. 분석하기란, 작가가 이야기를 만들기 위해 떠올렸을 여러 요소들을 찾아보고, 갈등의 원인이나 결과와 같은 큰 가지를 살피면서 새롭게 바라봐야 할 곁가지를 찾아내는 활동을 말한다.

초등학교 저학년

- 주인공이 좋아하는(싫어하는) 것은 무엇인가?
- 등장인물 간의 비슷한 점과 다른 점은 무엇인가?
- 이야기의 가장 큰 사건은 무엇인가?
- 왜 이런 사건이 일어났나?
- 주인공은 이 사건을 어떻게 해결하나?
- 주인공은 무엇을 깨달았나?

초등학교 고학년

- 주인공의 성격은 어떠한가?
- 주동인물과 반동인물 간의 차이점은 무엇인가?
- 이야기의 주요 갈등은 무엇인가?
- 갈등의 원인은 무엇인가?
- 갈등은 어떻게 해결되나?
- 주제는 무엇인가?

먼저 이렇게 아이들과 대화를 나누
며 책의 내용을 짚어본 뒤 다음 활동
으로 넘어간다. 동화를 쓰기 전에 해
야 할 다음 활동은 분석한 자료를 토
대로 '의문달기'를 하며 생각의 씨앗
을 확장해 보는 것이다. '의문달기'란
사건이 되는 원인이나 결과, 인물의
행동 등이 주어진 텍스트와 다를 경
우를 예상해본 다음 어떻게 되었을지
상상해보는 것이다.

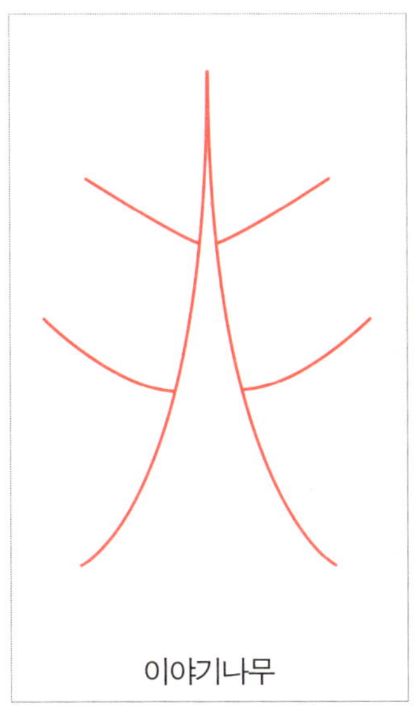

이야기나무

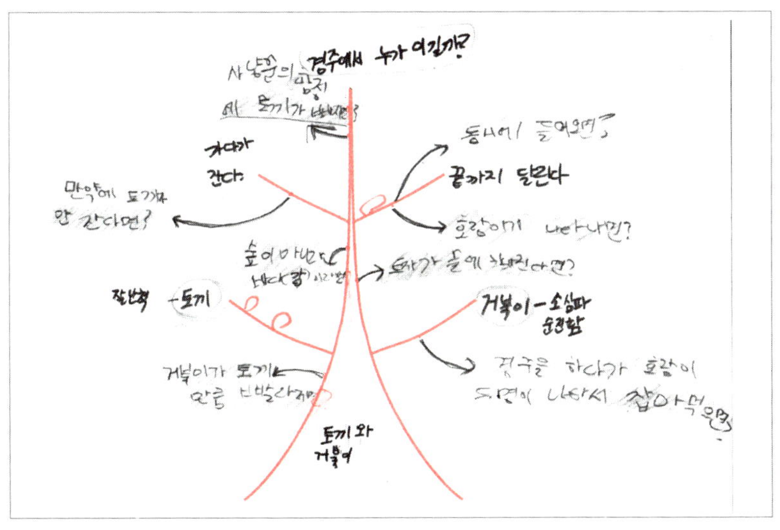

위 그림은 「토끼와 거북이」를 읽은 4학년 아이가 「이야기나무」를 꾸

며 '의문달기' 활동을 한 것이다. '의문달기' 중에서 재미있는 몇 가지를 골라보자.

- 만약 토끼가 안 잔다면?
- 호랑이가 나타난다면?
- 사냥꾼의 함정에 토끼가 빠진다면?

원래 이야기에서는 자만심에 빠진 토끼가 중간에 낮잠을 자서 결국 경주에 지고 만다. 그런데 만약 토끼가 자지 않았다면? 그리고 열심히 달리는데 중간에 호랑이와 마주쳤다면? 호랑이까지 지혜롭게 이겨내고 다시 경주를 하려는데 이번에는 사냥꾼이 파놓은 함정에 빠지게 된다면? 과연 토끼는 난관을 헤치고 살아나올 수 있을까? 그래서 거북이를 이기고 승리할 수 있을까?

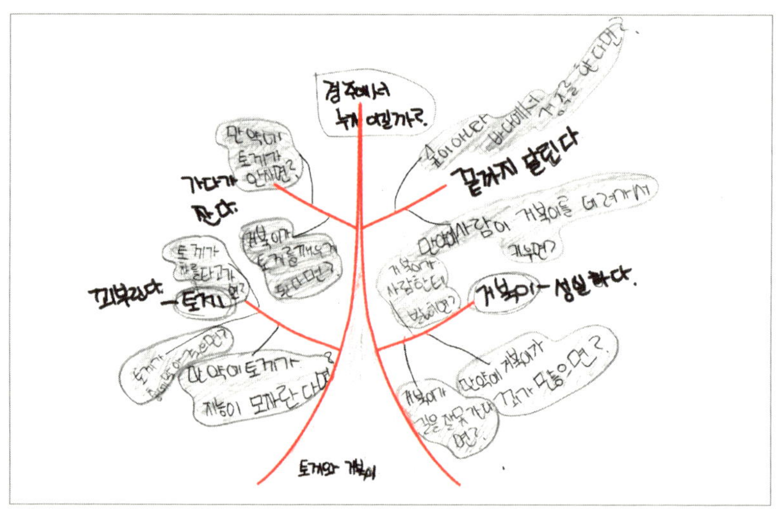

이 「이야기나무」는 「토끼와 거북이」를 읽은 다른 아이의 작품이다. 이 아이는 토끼 쪽과 거북이 쪽으로 편을 나누어 '의문달기'를 했다. 거북이쪽 의문들이 재미있다.

- 거북이가 길을 잘못 간다면?
- 만약에 사람이 거북이를 데려가서 키우면?
- 거북이가 토끼를 깨운다면?
- 만약에 거북이가 꾀가 많으면?

질 것이 뻔한 경주에 선뜻 응하는 거북이는 순진하지만 다소 어리석게 보인다. 이런 성격이라면 길을 잘못 들어 한참을 헤맬 수도 있지 않을까? 게다가 중간에 사람이라도 만나면 애완용이나 보신용으로 잡혀갈 수도 있다. 순진한 성격이라면 자고 있는 토끼를 깨울 확률도 있다. 반대로 거북이가 똑똑하면 어떻게 될까? 거북이가 불공평한 경주를 역이용해 토끼를 골탕 먹일 수 있을 것이다.

이렇게 이야기를 읽고 드는 여러 가지 의문점을 「이야기나무」에 써보는 활동이 바로 '의문달기' 이다. '의문달기' 는 생각의 문을 열어주는 활동으로 아직 구체적인 상상이 이루어진 상태는 아니다. 또한 어떠한 기준을 가지고 만든 질문도 아니다. '만약에' 라는 의문을 갖고 떠오르는 생각을 그냥 자유롭게 적었다. 이렇게 만든 「이야기나무」는 동화 쓰기의 기본 구상도가 된다. 초등학생의 경우 글의 짜임이나 구성에 대한 학습이 이루어지지 않았기 때문에 이러한 방법이 이야기의 틀을 짜는 데 도움을 준다. 굳이 동화를 쓰지 않아도 '의문달기'를 통해 다양한 방향으로 상상해보고 이야기를 꾸미는 것만으로도 상상력이 자란다.

그런데 아직 책읽기나 글쓰기에 익숙하지 않은 저학년 아이는 '의문달기'에 쓸 질문을 생각해내는 것도 어려워할 수가 있다. 이럴 땐 부모가 먼저 몇 가지 사례를 보여주고 아이는 한두 가지만 생각해내도록 하는 것이 좋다.

point_ 동화 쓰기를 위한 동기 유발 과정

❶ 텍스트 충실히 읽기
텍스트를 충분히 감상할 수 있는 시간을 준다.

❷ 텍스트에 대한 철저한 분석
이야기 나누기를 통해 텍스트 분석 활동을 한다.

❸ 텍스트의 분석을 토대로 의문달기
「이야기나무」에 '의문달기'를 하면서 생각을 확장해본다.

동화 쓰기 클리닉

우리 아이는 어떤 단계일까?

다음의 점검하기를 확인하고, 알맞은 단계에서 시작하자!

0~4개: 1단계(기초 단계) **5~8개:** 2단계(성장 단계) **9~12개:** 3단계(고급 단계)

점검하기

- ☐ 책을 읽고 줄거리를 말할 수 있다.
- ☐ 동화를 즐겨 읽는다.
- ☐ 상상하기를 즐긴다.
- ☐ 다른 사람에게 이야기 들려주기를 좋아한다.
- ☐ 일기를 꾸준히 쓴다.
- ☐ 개요표를 작성하여 글을 쓴다.
- ☐ 일기 쓸 때 대화를 활용한다.
- ☐ 글의 구성에 관한 개념이 있다.
- ☐ 공감 능력이 좋다.
- ☐ 논리적으로 말할 수 있다.
- ☐ 비유적으로 표현하는 방법을 안다.
- ☐ 글을 쓸 때 정확한 표현과 문법을 구사한다.

동화 쓰는 일을 과일 수확 과정에 비유하자면 텍스트를 읽고, 분석하고, 질문하는 동기유발 활동들은 과일 나무에 싹을 틔우고 자랄 수 있게 하는 준비 과정이다. 이 단계가 끝나면 1단계로 들어가자.

1단계는 열매가 열리게 하는 활동이다. '의문달기'에 답을 달며 상상의 열매가 맺도록 하자. 한 나무에 열린 과일도 크기와 영글기가 다르듯 '의문달기'에 대한 상상의 내용도 좋은 것이 있는가 하면, 그렇지 못한 것도 있다. 과일을 수확할 때 가장 잘 익은 것을 따듯, 동화를 쓸 때도 가장 재미있게 상상한 내용을 골라 사용한다. 부모는 동기유발 활동이 결실을 맺을 수 있도록 격려해주자.

● **토끼가 함정에 빠진다면?**

● **땅속에서 타임머신이 발견된다면?**

토끼와 거북이가 경주를 했어요. 저만치 앞서 가던 토끼는 느림보 거북이를 보고 생각하지요. '아이고, 저렇게 느려서야……. 언제 나를 따라잡을까?' 토끼는 낮잠이나 한숨 자볼까 하며 숲길로 들어서는데 그만 사냥꾼이 파놓은 함정에 빠진 거예요. 하지만 토끼는 영리해서 침착하게 생각하죠. 그리고 굴을 파요. 토끼가 열심히 굴을 파는데 어? 땅 속에서 무언가가 나타나요. 그건 바로 타임머신이었어요. 토끼는 이게 웬 떡인가 싶어 얼른 타임머신을 눌러 미래로 갔어요. 그런데 자신이 느림보 거북이에게 진 것이 아니에요? 깜짝 놀란 토끼는 다시 과거로 가요. 낮잠을 자야겠다고 생각한 그 순간으로요. 그리고 낮잠을 포기하죠. 그리고 함정도 잘 피해 결국 거북이를 이겨요.

● **토끼가 사냥꾼에게 잡혀 죽는다면?**

● **토끼가 환생을 한다면?**

토끼와 거북이가 경주를 해요. 토끼는 느림보 거북이를 보고 생각해요. '아이고, 저 느림보 거북이.' 토끼는 낮잠이나 한숨 자볼까 하는데 그만 사냥꾼에게 잡히고 말아요. 사냥꾼은 토끼 가죽을 벗기고 삶아먹어요. 토끼는 억울했어요. 거북이만은 꼭 이겨야 하는데……. 토끼는 자존심이 상해서 옥황상제에게 다시 태어나게 해달라고 해요. 그래서 다시 태어나는데……. 그만 거북이로 태어나요. 그리고 그 거북이를 찾아가요. 둘은 다시 달리기 경주를 해요. 그런데 옥황상제가 실수로 환생한 토끼의 점프 능력을 지우지 못해요. 결국, 환생한 토끼거북이가 이겨요.

가장 재미있는 질문을 고르고 이야기가 어떻게 전개되었을지 상상해본다. 끝으로 자신이 상상한 이야기를 다른 사람에게 들려주게 한다. 4학년 이상이라면 상상한 이야기가 첨가되어 주제에 어떤 변화가 있었는지 대화를 나눌 수 있다.

동화는 다른 글에 비해 분량이 많다. 그래서 간혹 이 내용을 글로 쓰게 하면 좋은 생각을 해놓고도 팔이 아프다며 중간에 이야기를 자르는 아이도 있다. 또 '의문달기'를 토대로 동화를 쓰기 때문에 아이는 같은 이야기를 두 번이나 써야 한다며 지루해할 수도 있다.

글을 많이 쓰는 활동은 아이에게 부담스러운 일이다. 동화를 쓰는 이유는 상상력과 창의력을 확장하기 위해서이다. 글씨를 예쁘게 쓰거나 많이 쓰기 위한 것이 아니다. 이럴 때는 '의문달기'에 대한 대답을 꼭 글로 남겨야 한다는 선입견을 버리자. 대신 자연스러운 대화를 통해 이야기를 상상해보게 한다. 1단계의 아이들에게는 완성된 글을 쓰게 하는 것이 아니다. 「이야기나무」의 열매가 잘 열리도록 돕는 것이 중요하다.

한 아이가 여러분에게 다가와 웃는다면, 그리고 그가 금발 머리를 하고 있다면, 뭐라고 물어도 대답하지 않는다면 여러분은 이제 그가 누구인지 짐작할 수 있을 것이다. 그러면 내게 친절을 베풀어 주시기를! 내가 이처럼 마냥 슬퍼하도록 내버려 두지 말기를 바란다. 그가 돌아왔다고 나에게 빨리 편지해 주시길…….

생텍쥐페리, 『어린왕자』, 비룡소, 127쪽

「어린왕자」의 끝부분이다. 작별 인사도 못 하고 헤어진 어린왕자에 대한 아쉬움이 담긴 마무리이다. 책을 읽는 독자도 아쉬움이 남는다. 지구를 떠난 어린왕자는 어떻게 되었을까? 자기 별로 돌아가 장미꽃과 행복하게 잘 살고 있을까? 혹시 다시 여행을 떠나지는 않았을까?

혹시 여행 도중 나와 마주치지는 않았을까? 이야기의 끝이 아쉬운 만큼 또 다른 상상을 부르는 멋진 결말이다.

작가 다비트는 생텍쥐페리의 「어린왕자」 뒷부분을 편지 형식으로 깔끔하게 이어 「다시 만난 어린왕자」를 썼다. 「어린왕자」의 아쉬움을 달래줄 속편 어린왕자이다. 원작의 아이디어에 편승한 재탕 이야기가 아니라 작가만의 개성이 담긴 새로운 이야기이다.

1단계에서는 자유롭게 생성된 의문점에 답을 달며 다양한 상상을 했다. 주로 우화나 짧은 동화를 텍스트로 하여, 주제나 맥락에 신경 쓰지 않고 한 개의 단락이나 소재, 내용에 변화를 주어 이야기를 새롭게 만들어보았다.

그런데 2단계에서는 「다시 만난 어린왕자」처럼 이야기의 뒷부분을 이어서 써보는 활동을 해본다. 텍스트에 등장하는 인물이나 배경은 크게 변화시키지 않고, 새로운 사건을 삽입하거나 사건의 결말을 자유로이 상상해보는 것이다.

'이야기 이어쓰기'는 「어린왕자」처럼 열린 결말을 가진 작품들을 이용해도 좋지만 아이가 흥미를 느끼는 작품을 이용할 수도 있다.

보비는 할아버지를 너무 너무 좋아하고 사랑한다. 심지어 이름도 할아버지의 이름인 '보브'와 비슷하다. 할아버지는 어린 보비에게 처음으로 걸음마를 가르쳐주었고, 함께 블록 쌓기도 한다. 할아버지와 보비는 많은 추억을 가지고 있다. 그런데 할아버지가 뇌졸중으로 쓰러진다. 이제 할아버지는 보브와 말할 수도 없고, 놀 수도 없다. 할아버지는 보비가 막 태어났을 때처럼 아무 것도 할 수 없는 상태가 된다.

『국어 듣기 말하기 쓰기 5-2』 교육과학기술부

이제 보비는 어떻게 해야 할까? 할아버지는 이대로 영원히 보비와 놀 수 없는 걸까?

위의 글은 초등학교 5학년 교과서에 실려 있는 '오른발 왼발'의 내용이다. 토미 드 파올라의 「오른발 왼발」의 내용을 차용하여 만든 상상하기 수업안이다. 교과서에는 내용을 끝까지 싣지 않고 아이들이 결말을 상상할 수 있도록 했다. 어떤 결말을 이끌어내고 싶은지 아이들에게 묻는 것이다.

'이야기 이어쓰기'를 할 때는 사건의 중심이 되는 인물의 '마음 읽기' 활동부터 시작한다. 우선 사건의 중심인물이 누구인지 찾아본다. 그리고 주요 사건이 발생한 후 인물들이 사건을 바라보는 심정이 어떠할지 추측해보게 한다.

「오른발 왼발」을 예로 들면, 주요 사건은 '할아버지가 뇌졸중으로 쓰러진 것'이고, 이에 대하여 주인공 보비는 '침대에 누워 계시는 할아버지를 보니 눈물이 날 것 같다. 할아버지는 이제 함께 놀 수 없어 슬프다. 할아버지를 도와드리고 싶다'와 같은 심정일 거라고 추측할 수 있다. 그러면 누워 있는 할아버지의 마음은 어떨까? 또 보비와 할아버지를 바라보는 다른 가족들의 마음은 어떨까?

‘이야기 이어쓰기’는 텍스트의 흐름을 방해하지 않는 선에서 상상하기 때문에 자유롭게 상상하고 꾸미는 1단계보다 조금 어렵게 느껴질 수도 있다. 소설의 흐름은 발단 – 전개 – 위기 – 절정 – 결말의 5단 구성으로 이루어지는데, 보통 이어 쓰기는 위기까지만 진행된 상황에서 쓰기를 시작한다. 즉 절정과 결말이 아이들에게 열려 있다. 따라서 인물의 마음 씀씀이와 태도, 습관 등을 파악하고 있어야 위기 이후 텍스트의 흐름을 이어갈 수 있다. ‘마음 읽기’ 과정은 인물의 다음 행동을 추측해내는 데 도움이 된다.

‘마음 읽기’가 끝나면 이제 자신의 입장에서 사건을 바라보고 어떠한 결말을 이끌어내고 싶은지 상상하게 하자. 그런데 아이가 인물의 성격을 제대로 파악하고 마음을 읽었다고 해도 이야기의 뒷부분을 혼자 상상하라면 다소 막연해할 것이다. 이럴 경우에는 결말의 분위기를 정하고 그 틀 안에서 발생할 수 있는 여러 가지 일들을 말하게 하자.

행복한 결말이 된다면 어떤 일이 벌어질까? 슬픈 결말로 끝이 난다면? 기쁘면서 아쉬운 결말은 없을까? 이렇게 질문을 던져주고 그 안에서 벌어질 일들을 상상하게 한다.

『화요일의 두꺼비』(러셀 에릭슨 지음, 사계절 펴냄)는 서로 천적인 두꺼비와 올빼미가 친구가 되는 과정을 긴장감 있게 그린 동화이다. 올빼미 조지는 추운 겨울 어렵게 잡은 두꺼비 워턴을 일주일 뒤인 자기 생일날 잡아먹기로 한다. 이렇게 해서 올빼미와 두꺼비의 불편한 동거가 시작된다. 그런데 진심이 담긴 두꺼비 워턴의 행동을 보고 올빼미 조지는 그를 잡아먹는 대신 친구가 되기로 결심한다. 아이들은 이 책을 통해 친구란 무엇이고, 어떻게 대해야 하는지 배우게 된다. 진심으로 다가서면 누구나 마음의 문을 열 수 있다는 교훈도 얻는다.

원래 이야기는 둘이 서로 친구가 되어, 올빼미 조지가 두꺼비 워턴을 집에 데려다주는 것으로 끝난다. 이 이야기를 이어가보자. 그 후 둘은 어떻게 되었을까? 집에 도착한 워턴을 보고 형이 깜짝 놀라지 않았을까?

「화요일의 두꺼비」 마음 읽기

❶ 집으로 돌아가는 두꺼비 워턴은 어떤 기분일까?

- 올빼미와 친구 된 게 기쁠 것 같아요.

- 엄청 기쁘고, 집에서 기다리는 형이 걱정될 것 같아요.

- 올빼미가 집에 들어가면 형이 놀랄 것 같아요.

❷ 친구 워턴을 집에 데려다 주는 올빼미 조지는 어떤 기분일까?

- 두꺼비와 친구 되길 잘 했다고 생각해요.

- 이제 외롭지 않겠다고 생각해요.

- 친구가 있어 행복하다고 생각해요.

「화요일의 두꺼비」 결말 생각해보기

❶ 두꺼비와 올빼미가 행복한 결말을 맺게 하려면 어떤 이야기를 넣어야 할까?

- 집에 돌아가서 형에게 케이크를 만들어 달라고 해요.

· 생일 파티도 하고 선물도 줘요.

· 올빼미가 고마워서 형과 동생을 등에 태우고 하늘을 날아요.

❷ 이야기가 슬프게 끝난다면 어떤 이야기를 넣어야 할까?

· 두꺼비가 치료해주지만 다친 올빼미는 계속 아파요.

· 올빼미가 많이 아파서 죽어요.

· 올빼미를 잡다가 놓친 여우가 복수하러 와요.

point_ 이야기 이어 쓰는 방법

① 주요 인물의 마음을 읽어본다.
· 주요 인물들이 사건을 바라보는 마음을 추측해본다.

② 인물의 심정을 토대로 결말을 상상해본다.
· 결말의 분위기를 정하고 그 안에서 발생할 일들을 상상해본다.
· 행복한 결말은 어떤 모습이고, 그러기 위해서는 어떤 일들이 일어날까?
· 슬픈 결말은 어떤 모습이고, 어떤 이야기가 진행될까?
· 기쁘면서 아쉬운 결말은 어떤 모습일까? 주인공들에게 어떤 일이 일어날까?

다음 글은 3학년 아이가 『화요일의 두꺼비』를 읽고 마음 읽기를 한 뒤, 뒷이야기를 상상하여 쓴 동화이다.

워턴은 올빼미와 함께 자기 집으로 갔습니다. 모턴 형이 깜짝 놀랐습니다. 그렇지만 워턴은 "아니야, 내 친구야!" 워턴은 지금까지 있었던 일을 형에게 얘기해 주었습니다. 형은 워턴의 말을 듣고 안심되었습니다.

올빼미가 인사했습니다.

"안녕하세요? 저는 조지입니다."

워턴은 형에게 살짝 말했습니다.

"형, 오늘은 조지의 생일이니까 케이크 만들어서 생일 파티하자!"

형은 얼른 예쁜 케이크를 만들었어요. 그리고 조지가 좋아할 만한 선물도 준비했습니다. 그런 다음 조지가 깜짝 놀라게 생일 축하 노래를 불러주었습니다. 워턴은 자신이 만든 책을 선물로 주었습니다. 조지는 선물을 받고

"이런 일은 처음이야. 너무 고마워. 다음에 네가 가고 싶은 데가 있으면 나를 마음껏 불러."

"알겠어. 너는 케이크가 먹고 싶으면 우리 집에 와."

조지는 힘껏 웃으며 집으로 갔습니다. 그러면서 생각했습니다.

'나는 워턴이랑 친구가 되길 잘했어.'

3단계　주어진 텍스트 없이 혼자 쓰기

지금까지는 텍스트의 틀 안에서 자유로운 상상을 중심으로 공부해 보았다. 이제는 아이 스스로 이야기의 구성 요소를 설정하고 스토리

를 전개하는 방법을 알아보자. 그동안 밑그림이 있는 그림에 자신의 상상을 덧대어 색칠했다면, 이제는 아이 혼자 밑그림부터 그리는 방법이다.

이제 겨우 이야기 이어 쓰기를 해보았는데 과연 혼자 동화를 쓸 수 있을까? 동화를 쓰자면 개성 있는 인물을 창조해야 하고, 재미있는 소재도 찾아야 하고, 구성도 짜임새 있어야 하는데, 그게 될까? 그러면 그림 그릴 때를 기억해보자. 구도와 원근감, 색의 조화와 대비를 배운 다음에서야 그림을 그릴 수 있었나? 절대로 아니다. 이러한 요소들은 그림을 그리면서 자연스럽게 배웠다. 그림을 그리는 목적은 미술적 기술을 보여주기 위한 것이 아니라 자신의 마음을 자유롭게 드러내는 것이기 때문이다.

아이들이 동화를 쓰는 방식도 똑같다. 동화도 구성 요소와 주제를 파악하기 위해서가 아니라 상상력과 창의력을 확장하기 위한 것이므로 아이도 혼자 동화를 쓸 수 있다. 부모는 아이가 먼저 자유롭게 상상할 수 있는 기회를 제공하기만 하면 된다. 아이는 혼자 동화를 쓰면서 점차 동화적 구성을 하나씩 배워나갈 것이다.

아이 혼자 동화를 쓰게 할 때는 재미있는 소재를 활용하게 하자. 흰 도화지에 마음대로 그리라는 주문은 막연하기 이를 데 없지만, 봄 · 우주여행 · 놀이터와 같은 소재를 제시해주면 그리기가 훨씬 쉽다. 이야기를 만들 때도 재미있는 소재를 활용하도록 해보자.

❶이야기 속에 등장한 신비한 소재를 활용한다.

· 신비한 물건을 얻게 된다면 어떤 일이 벌어질지 상상해본다.

 예) 도깨비 방망이, 알라딘의 마술 램프, 마음이 보이는 안경, 사라
     지게 만드는 망토 등

❷명화의 한 장면을 활용한다.

· 명화를 보고 어떤 상황을 그린 것인지 상상해보고 이야기를 만들
  어본다.

❸ 시간 여행과 관련된 소재를 활용한다.

· 과거나 미래로 시간 여행을 가는 상상을 하고 이야기로 만들어본다.

· 나를 주인공으로 시간 여행을 떠나거나 과거나 미래의 인물이나
  소재들이 현재에 등장하는 내용도 좋다.

  예) 이순신이 현대에 온다면? 공룡이 현대에 나타난다면?
      미래에서 외계인이 온다면? 미래의 내가 지금 나타난다면?

신비한 소재를 활용한 동화

❶심술궂은 새엄마는 벌을 받고, 백설공주는 멋진 왕자님과 결혼해 행복하게 살

았다는 것은 여러분도 잘 아는 백설공주의 결말이지요. 그런데 혹시 이 이야기에

등장했던 진실의 거울을 여러분은 기억하시나요? 더 이상의 미움도 슬픔도 없는 백설공주의 왕국은 행복으로 가득 찼고, 때문에 필요 없는 물건이 된 이 거울은 창고에 버려집니다. 그리고 아주 오랜 세월이 흘러 누군가에 의해 발견되는 데……．

❷그 거울이 있던 장소는 재활용센터였다. 그것을 발견한 사람은 6학년 소년이었다. 소년은 신비한 거울을 닦아 자기 방에 걸었다. 너무 더운 소년이 "왜 이렇게 더워?" 하고 말하자, "지금 기온이 32도이니까 그렇죠."라는 소리가 들렸다. 소년은 어리둥절했다. 소년은 그것이 신비한 거울이라고 생각했다. 거울은 무엇이든 척척 알아맞히는 신기한 능력이 있었다. 소년은 거울을 시험해보고 싶었다. 그래서 내일 볼 시험의 답을 알려달라고 했다. 거울은 답을 알려줬다. 다음 날 소년은 시험을 잘 보았다. 소년은 거울을 사랑했다.

❸그러던 어느 날 소년의 마을에 살인 사건이 일어났다. 소년은 그 범인이 누구인지 거울에게 물어보았다. 거울이 가르쳐준 대로 소년은 경찰에게 알려주었다. 경찰은 소년에게 감사하다며 나중에 꼭 경찰이 되어달라고 부탁했다. 소년은 받아들였다. 소년은 사건이 일어날 때마다 사건을 해결했고, 몇 년 후 경찰이 되었다. 소년은 도둑을 잡았다. 소년은 거울과 함께 잘 지냈다.

위의 이야기는 6학년 아이가 쓴 동화이다. 백설공주에 등장하는 '마법의 거울'을 활용한 동화이다. ①번 문단은 지도교사가 준 자료

이고, ②③번 문단은 아이가 직접 상상하여 쓴 글이다. 글쓴이는 6학
년이지만 아직 아이 티를 벗지 못한 소년이다. 집에서도 막내라 부모
의 손길을 많이 받는 아이이다. 동화의 주인공은 어떤 '소년'이지만
자신의 이야기를 담았다. 아이는 공부를 잘해서 인정받고 싶은 마음
이 있다. 이야기의 주인공이 범인을 잡아 영웅이 되고 결국 경찰이 되
는데, 이것 역시 어른의 도움 없이 스스로 서고 싶은 아이의 의지를 드
러낸 것이다.

아이들의 글에는 그들의 생활과 마음이 담긴다. 어른들이 깜짝 놀
랄 무언가를 상상하는 아이들도 있지만, 대부분의 아이들은 글 속에
자신의 소망을 담는다. 그래서 아이들의 글을 읽으면 그 아이의 생활
이 보인다.

❶ 심술궂은 새엄마는 벌을 받고, 백설공주는 멋진 왕자님과 결혼해 행복하게 살
았다는 것은 여러분도 잘 아는 백설공주의 결말이지요. 그런데 혹시 이 이야기에
등장했던 진실의 거울을 여러분은 기억하시나요? 더 이상의 미움도 슬픔도 없는
백설공주의 왕국은 행복으로 가득 찼고, 때문에 필요 없는 물건이 된 이 거울은
창고에 버려집니다. 그리고 아주 오랜 세월이 흘러 누군가에 의해 발견되는
데……．

❷ "어? 이건 뭐지?"
마당을 파던 소영이가 이상한 걸 발견하고 그걸 꺼내 보았다.

"거울이네? 깨끗하게 닦아서 내 방에 걸어 놓아야지!"

그러던 어느 날, 소영이가 방에서 혼잣말로

'오늘 숙제를 다 끝낼 수 있을지 걱정이야.'

라고 했고 누군가가 대답했다.

"다 할 수 있습니다."

"누구야?" 소영이가 소리쳤다.

"저는 마법의 거울이라고 합니다."

"뭐?"

"저는 모든 것을 알고 있습니다. 당신의 생일은 4월 1일이죠? 무엇이든 물어보세요."

"와, 내 생일을 어떻게 알지?"

❸소영이는 날마다 궁금한 것을 거울에게 물어보았다. 거울의 대답은 모두 맞았다. 그리고 소영이가 평소에 가장 궁금했던 질문을 했다.

"내가 좋아하는 철수는 어떤 여자 아이를 좋아하니?"

"철수는 좋아하는 여자 아이가 없습니다."

"와! 다행이다……."

소영이는 거울의 대답을 믿기로 했습니다.

이 글은 5학년 여자 아이가 쓴 동화이다. ②번 단락에서는 마법 거울과의 만남을 이야기하고, ③번 단락에서는 마법 거울의 능력을 이용하는 이야기로 전개된다. 아이에게는 좋아하는 남자 친구가 있는 것 같다. 신비한 마법 거울에게 좋아하는 남자 아이의 이야기를 묻고 있다. 사실 아이에게는 지금 이것보다 더 중요한 궁금증이 없을 것이다. 두 아이가 앞으로 어떻게 되었는지 이야기를 전개했더라면 더 재미있는 이야기가 되었을 것이다.

명화의 한 장면을 활용한 동화

❶ 개동이는 친구들에게 인기가 없습니다. 맨날 지각하고 숙제를 안 해옵니다. 또 친구들을 놀리는 게 취미입니다. 친구들은 개동이 때문에 공부를 편하게 하는 날이 없다고 불만이었습니다.

❷ 어느 날 개동이는 지각을 했습니다. 서당 훈장님이 왜 늦었냐고 했습니다. 개동이는 오다가 여우가 진짜 여자로 둔갑을 하였다고 했습니다. 친구들이 수군댔습니다.

"쟤는 맨날 저런다. 여우를 패고 오든지 하지……."

서당 훈장님은 개동이의 거짓말을 믿지 않았습니다. 공부 때문에 지각하지 말라고 얘기하였습니다.

❸ 그날 서당 훈장님이 하늘천 땅지 물수 불화 흙토를 숙제로 쓰고 외우라는 숙제를 내주었습니다. 개동이는 덕순이를 놀리느라 숙제 생각은 전혀 못했습니다. 다

음 날 서당에서 숙제 검사를 했습니다. 개동이가 걸렸습니다. 회초리로 훈장님이 개동이를 혼내주려고 했습니다. 개동이는 무서워서 쉬를 쌌습니다. 친구들은 배꼽을 잡고 웃었습니다. 훈장님은 이것을 보고 때려야 할지 말아야 할지 울상이 되었습니다.

위의 글은 4학년 아이가 김홍도의 그림 「서당」을 보고 쓴 동화이다. 김홍도의 「서당」은 우리가 잘 아는 그림이다. 울상이 된 훈장님 앞에서 한 아이가 울고 있고, 이를 지켜보는 아이들의 입가에는 웃음이 가득하다. 김홍도가 어떤 상황을 보고 그렸는지 알 수 없지만 그림 속의 장면만으로도 이야기가 쏟아져 나온다.

글쓴이가 그림에 이야기를 붙이자 울고 있는 아이의 실체가 드러난다. 이름은 개동이고, 친구들을 놀리는 말썽꾸러기이다. 지각한 이유가 오는 길에 여우를 만나서라니 재미있고 그럴듯하다. 또 그림에서는 보이지 않지만 울고 있는 개동이가 너무 무서워 오줌을 지렸다는 표현은 재치가 있다. 섬세한 표현이 돋보이는 작품이다. ③번 단락 이후 개동이는 어떻게 되었을지 더 상상했다면 훌륭한 작품이 되었을 것이다.

지금까지는 상상력을 어떻게 확장하는지, 그리고 이것을 어떤 방법으로 동화로 구현하는지 살펴보았다. 그런데 글이 매우 짧아서 동화라 부르기에는 다소 미흡한 느낌이 든다. 단순한 스토리 짜기에 지나지 않았나 하는 아쉬움도 남는다. 상상력의 확장을 넘어 문학적으로도 완성된 동화를 쓸 수 있는 방법은 없을까?

아이의 동화에 문학적 요소를 첨가하면 가능하다. 전문작가도 작품을 출판할 때 일필휘지(一筆揮之)로 단숨에 쓰는 경우는 없다. 수없이 다듬고 고치는 작업을 거친 뒤 세상에 나오는 것이다. 아이들의 작품에 문학적 옷을 입힐 때도 다듬고 고치는 작업을 해야 한다.

그런데 아이들은 이미 쓴 글을 고치고 다듬는 활동을 싫어한다. 사실 아주 싫어한다. 한 번 썼으면 그만이지 왜 자꾸 고쳐야 하느냐며 볼멘소리를 한다. 일기도, 편지도, 독후감도 한 번 쓰면 끝인데, 동화는 왜 다시 고쳐야 하느냐며 불만이다. 그렇지만 아이의 글에 문학의 옷을 입히고 싶다면 반드시 퇴고의 과정을 거쳐야만 한다. 글을 다 쓰고 난 다음 퇴고를 하는 것도 글쓰기의 중요한 과정이다.

교정부호를 아무리 외워도 실제로 적용해보는 활동을 해보지 않으면 아무런 소용이 없다. 시험을 보기 위해 교정부호를 잠깐 외운 아이들과, 실제 자기 글을 수정하고 고치며 교정부호를 배운 아이들은 다르다. 시험을 보기 위해 글의 구성 요소를 배운 아이들과 글을 다 쓴 다음 자신의 글에 부족했던 구성 요소를 찾아보고 수정해본 아이들은 매우 다르다.

아이들의 글에 문학의 옷을 입히기 위해서는 먼저 문단의 의미와 이야기의 뼈대(개요표)를 알려주자. 문단의 의미는 이미 일기 쓰기에서 익혔고, 이야기의 뼈대 또한 생활문에서 배웠으니 여기서는 간단히 글의 구성에 대해서 배우자.

　보통 글은 서론 – 본론 – 결론의 3단으로 구성하지만, 더 정교한 글은 발단 – 전개 – 절정 – 결말의 4단 구성으로 한다. 가장 복잡한 5단 구성은 발단 – 전개 – 위기 – 절정 – 결말, 또는 발단 – 전개 – 절정 – 하강 – 대단원의 형태를 띤다. 이러한 구성은 반드시 지켜야 하는 규정은 아니다. 각 글의 성격과 분량에 맞춰 탄력적으로 응용할 수 있다.

　위와 같은 구성의 구분은 글의 성격과도 관련이 있지만 글의 분량과도 직접적인 관련이 있다. 아이들이 쓰는 짧은 동화의 경우에는 보통 3단이나 4단 구성으로 한다. 간혹 실력을 쌓은 아이들이 5단 구성의 그럴듯한 동화를 쓰기도 하는데 그러려면 많은 연습이 필요하다.

달걀의 모험

❶ 나는 어미닭에게 태어났는데 이 세상이 궁금했다. 나는 친구들과 인사를 했다. 그리고 잠을 잤다.

❷ 다음날 터벅터벅 소리가 들렸다. 당황했다. 그 소리는 아주머니가 오는 소리였다. 그리고는 바구니에다 친구들과 나를 집어넣고 부엌으로 갔다. 무슨 일이 닥칠지 걱정이 되었다.

❸ 프라이팬에다 내 친구들을 부셔서 넣으니 노란 게 툭 떨어졌다. 지글지글 소리가 나면서 흰 구름이 생겨났다. 나는 엄청 불안했다.

❹ 다행히 나와 몇 몇 친구들은 엄마 품으로 돌아왔다. 다른 친구에게 일어난 일을 말하였다. 친구들은 "그게 뭔데?" 하며 이해를 못했다.

❺나는 엄마 품에서 뒹굴거렸다. 엄마 품은 캄캄하고 더웠다. 친구들은 이상한 듯이 "이게 뭐지?" 하며 하루를 보냈다. 21일이 지난 후 몸이 뜨거워지고 빨간 게 보이고 이상한 느낌이 들고 '틱톡틱톡' 소리가 나며 알에서 변화가 생겼다.

❻드디어 나는 날개가 생기고 뛸 수 있는 다리가 생겼다. 좋았다. 나는 친구 알을 쪼았다. 친구들도 나처럼 되었다.

❼유치원에서 온 애들이 구멍 뚫린 상자에 나와 친구들을 넣고 선생님과 관찰하였다. 나는 내가 자랑스럽다는 생각이 들었다.

위의 글은 5학년 아이가 그림과 함께 쓴 그림동화의 내용이다. 모두 7개의 단락으로 나뉘어 있다. ❺❻의 단락이 성격상 함께 묶여야 할 내용이라 엄밀히 말하면 6개의 단락으로 이루어졌다. 그림동화이기 때문에 설명과 표현은 많이 생략했다. 그림이 많은 내용을 설명해주기 때문이다.

달걀은 21일이 지나면, 병아리가 껍질을 깨고 깨어난다는 지식을 동화에 활용한 것을 보니, 아이는 과학책이나 과학과 관련된 동화를 많이 본 듯하다. 알에서 병아리가 태어나는 과정에도 의성어를 넣는 등 비교적 세밀하게 묘사했다. 특히 흰자가 익어가는 과정을 '흰 구름이 생긴다'라고 표현한 부분이 눈에 띈다. 하지만 ④번 이후의 단락이 앞 단락들과 따로 노는 느낌이 든다. ④번 단락에서 달걀이 부엌을 탈출하는 과정을 생략한 것이 아쉽다.

이 글을 동화로 바꾸면 어떨까? 각 단락별로 워낙 글이 짧기 때문에

이 글 자체가 바로 이야기의 뼈대가 된다. 조금 더 욕심을 낸다면, 달걀이 부엌을 탈출하여 결국에는 병아리로 태어나는 이야기로 바꾸고 ⑤~⑦번 단락을 과감히 삭제하면 좋겠다. 이야기의 제목도「달걀의 모험」이므로 바뀐 글과 잘 어울린다. ③번 단락을 섬세하게 묘사하고, ④번 단락에 탈출과정을 자세히 쓰면 좋을 것이다. 끝으로 ⑤번 단락에 병아리로 태어나는 환희의 과정을 쓰면 멋진 작품이 될 것이다.

이런 식으로 아이와 문단을 구분해보고 어떻게 커다란 묶음으로 묶을 수 있을지 이야기를 나누어보자. 그런 다음 세부적으로 어떤 내용을 추가하고, 생략하는 것이 좋을지 생각해보게 한다.

동화의 구성이 어느 정도 정리되었다면 이번에는 문장을 유려하게 표현하도록 지도한다. 유려한 문장을 쓰려면, 설명보다 대화를 활용하는 것이 좋다. 대화는 인물의 성격을 더 잘 드러낼 수 있다.

❶서당 훈장님이 왜 늦었냐고 했습니다. 개동이는 오다가 여우가 진짜 여자로 둔갑을 하였다고 했습니다.

❷"이놈, 왜 늦었느냐!"

"아니……, 집에서는 일찍 나왔는데 오는 길에 여우를 만났습니다."

"뭣이라! 여우?"

"네에! 아, 이 여우가 재주를 넘어 여자로 둔갑을 하는 거예요. 그걸 보고 너무 깜짝 놀라서……."

①번보다 ②번이 더 생동감 있다. 대화글을 너무 많이 넣으면 긴장감이 떨어지지만 중요한 대목만 대화체로 바꾸면 인물의 성격을 생생하게 드러낼 수 있다. 중요한 대목을 찾아보게 하고 각 인물들이 어떤 대화를 나눌지 상상해보게 하자.

"이놈, 왜 늦었느냐!"

훈장님은 모른 척 물었습니다.

개동이는 마치 귀신이라도 본 듯 놀란 눈을 하고 대답했습니다.

"아니……, 집에서는 일찍 나왔는데 오는 길에 여우를 만났습니다."

"뭣이라! 여우?"

훈장님은 개동이의 말이 거짓말인 줄 알면서도 다시 물었습니다.

신이난 개동이는 옳다구나 싶어 거짓말을 늘어놓습니다.

"네에. 아, 이 여우가 재주를 넘어 여자로 둔갑을 하는 거예요. 그걸 보고 너무

깜짝 놀라서……."

위의 글은 대화 사이에 말을 하는 인물의 감정을 담았다. 그랬더니 대화를 나누는 장면이 더 생생하게 드러났다. 마치 인물을 직접 보는 듯한 현장감이 느껴진다. 이렇게 대화 사이에 인물의 감정을 드러내면 밋밋했던 대화에 입체감과 역동성이 느껴진다.

❶프라이팬에 내 친구들을 부셔서 넣으니 노란 게 툭 떨어졌다. 지글지글 소리

가 나면서 하얗게 변했다.

❷ 프라이팬에 내 친구들을 부셔서 넣으니 노란 보름달이 툭 떨어졌다. 그리곤 지글지글 소리가 나면서 팬 위에 흰 구름이 생겨났다.

①번과 ②번 모두 문장의 의미는 다르지 않다. 표현에만 차이가 있다. 같은 노른자도 '노란 거'보다 '노란 보름달'이라는 표현이, 흰자가 익어가는 모습도 '하얗게 변했다'보다 '흰 구름이 생겼다'라는 표현이 더 섬세하고 생생하게 의미를 전달해준다. 대상을 다른 것에 빗대어 표현하는 방법은 문장을 더 선명하고 뚜렷하게 해준다. 비유적인 표현을 쓰면 읽는 이의 공감을 쉽게 얻을 수 있다.

이러한 표현법을 익히기 위해서는 많은 연습이 필요하다. 무엇보다 직접 써보면서 자연스럽게 익히는 것이 가장 중요하다. 퇴고하는 과정에서 특별히 강조하고 싶은 부분이 있다면 아이와 함께 비유적인 표현에 대해 이야기를 나누어보자.

프라이팬에 내 친구들을 부셔서 넣으니 노란 게 툭 떨어졌다.

부모 : 철수가 말한 '노란 것'이란 노른자를 말하는구나. 노른자라고 표현하지 않고 '노란 것'이라고 표현한 것은 참 잘한 일이야. 그런데 이보다 더 멋진 표현을 찾을 수 있을 것 같은데? 철수는 달걀의 노른자를 보면 무엇이 떠올라?

철수 : 보름달이오.

부모 : 그럼 우리 이 부분을 '노란 것'이라고 표현하지 말고 '노란 보름달'이라고 써보자.

동화 몇 편 쓴다고 문학적 표현이 저절로 습득되는 것은 아니다. 단계별로 차근차근 꾸준히 연습해야 익힐 수 있다. 여러 번 쓰고 고치는 과정을 통해서 배우도록 하자.

point _ 문학적으로 완성된 동화를 쓰려면

❶ 퇴고를 통해 단락을 묶고 전개를 치밀하게 한다.
· 아이의 글을 읽고 비슷한 단락을 묶고 필요 없는 부분을 쳐낸다.
· 단락과 글의 분량에 맞게 구성을 짠다.
· 틀린 문장이나 어색한 부분은 다듬는다.

❷ 세밀하게 설명한다.
· 의성어, 의태어를 활용하여 표현한다.

❸ 비유적인 표현을 이용해 문장을 유려하게 만든다.
· 강조하고 싶은 부분은 비유적 표현을 이용하여 생생하게 표현한다.
· '노란 거'보다 '노란 보름달'이, '하얗게 변했다'보다 '흰 구름이 생겼다'가 더 유려한 표현이다.

❹ 설명보다 대화를 활용한다.
· 중요 대목은 설명보다 대화를 통해 전개한다.
· 대화를 하고 있는 인물의 감정을 대화 사이에 넣어본다.

성적이 쑥쑥 올라가는 초등 글쓰기 클리닉

책 많이 읽는 우리 아이, 공부는 왜 못할까

ⓒ 김순옥, 2013

초판 1쇄 발행일 2013년 1월 23일
초판 2쇄 발행일 2013년 5월 8일

지은이 · 김순옥
펴낸이 · 윤은숙
편집 · 경현주 이희원 | 디자인 · 조현주
마케팅 · 석철호 나다연 최강섭 도한나 | 제작 · 송승욱

펴낸 곳 · (주)느림보
등록일자 · 1997년 4월 17일 | 등록번호 · 제10-1432호
주소 · 경기도 파주시 회동길 198
전화 · 편집부 031-955-7383 영업부 031-955-7374 | 팩스 · 031-955-7393
홈페이지 · www.nurimbo.co.kr

이 책의 글과 그림의 일부 또는 전부를 재사용하려면
반드시 저작권자와 (주)느림보 양측의 동의를 얻어야 합니다.
책값은 뒤표지에 있습니다.
ISBN 978-89-5876-153-2 13590

이 도서의 국립중앙도서관 출판시도서목록(CIP)은 e-CIP 홈페이지(http://www.nl.go.kr/ecip)와
국가자료공동목록시스템(http://www.nl.go.kr/kolisnet)에서 이용하실 수 있습니다.
(CIP제어번호 : CIP2013000155)